Spark MLlib

机器学习实践

（第2版）

王晓华 著

清华大学出版社

北京

内容简介

Spark 作为新兴的、应用范围最为广泛的大数据处理开源框架引起了广泛的关注，它吸引了大量程序设计和开发人员进行相关内容的学习与开发，其中 MLlib 是 Spark 框架使用的核心。本书是一本细致介绍 Spark MLlib 程序设计的图书，入门简单，示例丰富。

本书分为 13 章，从 Spark 基础安装和配置开始，依次介绍 MLlib 程序设计基础、MLlib 的数据对象构建、MLlib 中 RDD 使用介绍，各种分类、聚类、回归等数据处理方法，最后还通过一个完整的实例，回顾了前面的学习内容，并通过代码实现了一个完整的分析过程。

本书理论内容由浅而深，采取实例和理论相结合的方式，讲解细致直观，适合 Spark MLlib 初学者、大数据分析和挖掘人员，也适合高校和培训学习相关专业的师生教学参考。

图书在版编目（CIP）数据

Spark MLlib 机器学习实践 / 王晓华著. — 2 版. —北京：清华大学出版社，2017（2024.8重印）
ISBN 978-7-302-46508-9

I. ①S… II. ①王… III. ①数据处理软件－机器学习 IV. ①TP274

中国版本图书馆 CIP 数据核字（2017）第 025411 号

责任编辑：夏毓彦
封面设计：王　翔
责任校对：闫秀华
责任印制：曹婉颖

出版发行：清华大学出版社
　　　　　网　　　址：https://www.tup.com.cn, https://www.wqxuetang.com
　　　　　地　　　址：北京清华大学学研大厦 A 座　　　　邮　　编：100084
　　　　　社 总 机：010-83470000　　　　　　　　　　邮　　购：010-62786544
　　　　　投稿与读者服务：010-62776969，c-service@tup.tsinghua.edu.cn
　　　　　质量反馈：010-62772015，zhiliang@tup.tsinghua.edu.cn

印 装 者：三河市龙大印装有限公司
经　　销：全国新华书店
开　　本：190mm×260mm　　　印　张：12.75　　　字　数：326 千字
版　　次：2017 年 3 月第 2 版　　　　　　　印　次：2024 年 8 月第 6 次印刷
定　　价：49.00 元

产品编号：073286-01

前　言

Spark 在英文中是火花的意思，创作者希望它能够像火花一样点燃大数据时代的序幕。它，做到了。

大数据时代是一个充满着机会和挑战的时代，就像一座未经开发的金山，任何人都有资格去获得其中的宝藏，仅仅需要的就是有一把得心应手的工具——MLlib 就是这个工具。

本书目的

本书的主要目的是介绍如何使用 MLlib 进行数据挖掘。MLlib 是 Spark 中最核心的部分，它是 Spark 机器学习库，经过无数创造者卓越的工作，MLlib 已经成为一个优雅的、可以运行在分布式集群上的数据挖掘工具。

MLlib 充分利用了现有数据挖掘的技术与手段，将隐藏在数据中不为人知，但又包含价值的信息从中提取出来，并通过相应的计算机程序，无须人工干预自动地在系统中进行计算，以发现其中的规律。

通常来说，数据挖掘的难点和重点在于两个方面：分别是算法的学习和程序的设计。还有的是需要使用者有些相应的背景知识，例如统计学、人工智能、网络技术等。本书在写作上以工程实践为主，重点介绍其与数据挖掘密切相关的算法与概念，并且使用浅显易懂的语言将其中涉及的算法进行概括性描述，从而可以帮助使用者更好地了解和掌握数据挖掘的原理。

作者在写作本书的时候有一个基本原则，这本书应该体现工程实践与理论之间的平衡。数据挖掘的目的是为了解决现实中的问题，并提供一个结果，而不是去理论比较哪个算法更高深，看起来更能吓唬人。本书对算法的基本理论和算法也做了描述，如果读者阅读起来觉得困难，建议找出相应的教材深入复习一下，相信大多数的读者都能理解相关的内容。

本书内容

本书主要介绍 MLlib 数据挖掘算法，编写的内容可以分成三部分：第一部分是 MLlib 最基本的介绍以及 RDD 的用法，包括第 1~4 章；第二部分是 MLlib 算法的应用介绍，包括第 5~12 章；第三部分通过一个经典的实例向读者演示了如何使用 MLlib 去进行数据挖掘工作，为第 13 章。

各章节内容如下：

第 1 章主要介绍了大数据时代带给社会与个人的影响，并由此产生的各种意义。介绍了大数据如何深入到每个人的生活之中。MLlib 是大数据分析的利器，能够帮助使用者更好地完成数据分析。

第 2 章介绍 Spark 的单机版安装方法和开发环境配置。MLlib 是 Spark 数据处理框架的一个主要组件，因此其运行必须要有 Spark 的支持。

第 3 章是对弹性数据集（RDD）进行了讲解，包括弹性数据集的基本组成原理和使用，以及弹性数据集在数据处理时产生的相互依赖关系，并对主要方法逐一进行示例演示。

第 4 章介绍了 MLlib 在数据处理时所用到的基本数据类型。MLlib 对数据进行处理时，需要将数据转变成相应的数据类型。

第 5 章介绍了 MLlib 中协同过滤算法的基本原理和应用，并据此介绍了相似度计算和最小二乘法的原理和应用。

第 6~12 章每章是一个 MLlib 分支部分，其将 MLlib 各个数据挖掘算法分别做了应用描述，介绍了其基本原理和学科背景，演示了使用方法和示例，对每个数据做了详细的分析。并且在一些较为重要的程序代码上，作者深入 MLlib 源码，研究了其构建方法和参数设计，从而帮助读者更深入地理解 MLlib，也为将来读者编写自有的 MLlib 程序奠定了基础。

第 13 章是本文的最后一章，通过经典的鸢尾花数据集向读者演示了一个数据挖掘的详细步骤。从数据的预处理开始，去除有相关性的重复数据，采用多种算法对数据进行分析计算，对数据进行分类回归，从而最终得到隐藏在数据中的结果，并为读者演示了数据挖掘的基本步骤与方法。

本书特点

- 本书尽量避免纯粹的理论知识介绍和高深技术研讨，完全从应用实践出发，用最简单的、典型的示例引申出核心知识，最后还指出了通往"高精尖"进一步深入学习的道路；
- 本书全面介绍了 MLlib 涉及的数据挖掘的基本结构和上层程序设计，借此能够系统地看到 MLlib 的全貌，使读者在学习的过程中不至于迷失方向；
- 本书在写作上浅显易懂，没有深奥的数学知识，采用了较为简洁的形式描述了应用的理论知识，让读者轻松愉悦地掌握相关内容；
- 本书旨在引导读者进行更多技术上的创新，每章都会用示例描述的形式帮助读者更好地学习内容；

- 本书代码遵循重构原理，避免代码污染，引导读者写出优秀的、简洁的、可维护的代码。

读者与作者

- 准备从事或者从事大数据挖掘、大数据分析的工作人员
- Spark MLlib 初学者
- 高校和培训学校数据分析和处理相关专业的师生

本书由王晓华主编，其他参与创作的作者还有李阳、张学军、陈士领、陈丽、殷龙、张鑫、赵海波、张兴瑜、毛聪、王琳、陈宇、生晖、张喆、王健，排名不分先后。

示例代码下载

本书示例代码可以从下面地址（注意数字和字母大小写）下载：

http://pan.baidu.com/s/1hqtuutY

如果下载有问题，请联系电子邮箱 booksaga@163.com，邮件主题为"MLlib 代码"。

编　者

2017 年 1 月

目　录

第 1 章
◄ 星星之火 ►

星星之火，可以燎原吗？

当我们每天面对扑面而来的海量数据，是战斗还是退却，是去挖掘其中蕴含的无限资源，还是就让它们自生自灭？我的答案是："一切都取决于你自己"。对于海量而庞大的数据来说，在不同人眼里，既可以是一座亟待销毁的垃圾场，也可以是一个埋藏有无限珍宝的金银岛，这一切都取决于操控者的眼界与能力。本书的目的就是希望所有技术人员都有这种挖掘金矿的能力！

本章主要知识点：

- 什么是大数据？
- 数据要怎么分析？
- MLlib 能帮我们做些什么？

1.1　大数据时代

什么是"大数据"？一篇名为"互联网上一天"的文章告诉我们：

一天之中，互联网上产生的全部内容可以刻满 1.68 亿张 DVD，发出的邮件有 2940 亿封之多（相当于美国两年的纸质信件数量），发出的社区帖子达 200 万个（相当于《时代》杂志 770 年的文字量），卖出的手机数量为 37.8 万台，比全球每天出生的婴儿数量高出 37.1 万。

正如人们常说的一句话："冰山只露出它的一角"。大数据也是如此，"人们看到的只是其露出水面的那一部分，而更多的则是隐藏在水面下"。随着时代的飞速发展，信息传播的速度越来越快，手段也日益繁多，数据的种类和格式也趋于复杂和丰富，并且在存储上已经突破了传统的结构化存储形式，向着非结构存储飞速发展。

大数据科学家 JohnRauser 提到一个简单的定义："大数据就是任何超过了一台计算机处理能力的庞大数据量"。亚马逊网络服务（AWS）研发小组对大数据的定义："大数据是最大的宣传技术、是最时髦的技术，当这种现象出现时，定义就变得很混乱。"Kelly 说："大数据是可能不包含所有的信息,但我觉得大部分是正确的。对大数据的一部分认知在于它是如此之大,分析它需要多个工作负载,这是 AWS 的定义。当你的技术达到极限时也就是数据的极限"。

飞速产生的数据构建了大数据,海量数据的时代我们称为大数据时代。但是,简单地认为那些掌握了海量存储数据资料的人是大数据强者显然是不对的。真正的强者是那些能够挖掘出隐藏在海量数据背后获取其中所包含的巨量数据信息与内容的人,是那些掌握专门技能懂得怎样对数据进行有目的、有方向地处理的人。只有那些人,才能够挖掘出真正隐藏的宝库,拾取金山中的珍宝,从而实现数据的增值,实现大数据的为我所用。

1.2 大数据分析时代

随着"大数据时代"的到来,掌握一定的知识和技能,能够对大数据信息进行锤炼和提取越来越受到更多的数据分析人员所器重。可以说,大数据时代最重要的技能是掌握对大数据的分析能力。只有通过对大数据的分析,提炼出其中所包含的有价值内容才能够真正做到为我所用。换言之,如果把大数据比作一块沃土,那么只有强化对土地的"耕耘"能力,才能通过"加工"实现数据的"增值"。

一般来说,大数据分析需要涉及以下 5 个方面,如图 1-1 所示。

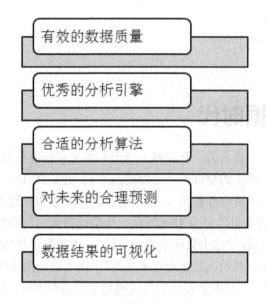

有效的数据质量

优秀的分析引擎

合适的分析算法

对未来的合理预测

数据结果的可视化

图 1-1　大数据分析的 5 个方面

1. 有效的数据质量

任何数据分析都来自于真实的数据基础,而一个真实数据是采用标准化的流程和工具对数据进行处理得到的,可以保证一个预先定义好的高质量的分析结果。

2. 优秀的分析引擎

对于大数据来说，数据的来源多种多样，特别是非结构化数据来源的多样性给大数据分析带来了新的挑战。因此，我们需要一系列的工具去解析、提取、分析数据。大数据分析引擎就是用于从数据中提取我们所需要的信息。

3. 合适的分析算法

采用合适的大数据分析算法能让我们深入数据内部挖掘价值。在算法的具体选择上，不仅仅要考虑能够处理的大数据的数量，还要考虑到对大数据处理的速度。

4. 对未来的合理预测

数据分析的目的是对已有数据体现出来的规律进行总结，并且将现象与其他情况紧密连接在一起，从而获得对未来发展趋势的预测。大数据分析也是如此。不同的是，在大数据分析中，数据来源的基础更为广泛，需要处理的方面更多。

5. 数据结果的可视化

大数据的分析结果更多是为决策者和普通用户提供决策支持和意见提示，其对较为深奥的数学含义不会太了解。因此必然要求数据的可视化能够直观地反映出经过分析后得到的信息与内容，能够较为容易地被使用者所理解和接受。

因此可以说，大数据分析是数据分析最前沿的技术。这种新的数据分析是目标导向的，不用关心数据的来源和具体格式，能够根据我们的需求去处理各种结构化、半结构化和非结构化的数据，配合使用合适的分析引擎，能够输出有效结果，提供一定的对未来趋势的预测分析服务，能够面向更广泛的用户快速部署数据分析应用。

1.3　简单、优雅、有效——这就是 Spark

Apache Spark 是加州大学伯克利分校的 AMPLabs 开发的开源分布式轻量级通用计算框架。与传统的数据分析框架相比，Spark 在设计之初就是基于内存而设计，因此其比一般的数据分析框架有着更高的处理性能，并且对多种编程语言，例如 Java、Scala 及 Python 等提供编译支持，使得用户在使用传统的编程语言即可对其进行程序设计，从而使得用户的学习和维护能力大大提高。

简单、优雅、有效——这就是 Spark！

Spark 是一个简单的大数据处理框架，可以使程序设计人员和数据分析人员在不了解分布式底层细节的情况下，就像编写一个简单的数据处理程序一样对大数据进行分析计算。

Spark 是一个优雅的数据处理程序，借助于 Scala 函数式编程语言，以前往往几百上千行的程序，这里只需短短几十行即可完成。Spark 创新了数据获取和处理的理念，简化了编程过程，不再需要使用以往的建立索引来对数据分类，通过相应的表链接将需要的数据匹配成我们需要的格式。Spark 没有臃肿，只有优雅。

Spark 是一款有效的数据处理工具程序，充分利用集群的能力对数据进行处理，其核心就是 MapReduce 数据处理。通过对数据的输入、分拆与组合，可以有效地提高数据管理的安全性，同时能够很好地访问管理的数据。

Spark 是建立在 JVM 上的开源数据处理框架，开创性地使用了一种从最底层结构上就与现有技术完全不同，但是更加具有先进性的数据存储和处理技术，这样使用 Spark 时无须掌握系统的底层细节，更不需要购买价格不菲的软硬件平台，借助于架设在普通商用机上的 HDFS 存储系统，可以无限制地在价格低廉的商用 PC 上搭建所需要规模的评选数据分析平台。即使从只有一台商用 PC 的集群平台开始，也可以在后期任意扩充其规模。

Spark 是基于 MapReduce 并行算法实现的分布式计算，其拥有 MapReduce 的优点，对数据分析细致而准确。更进一步，Spark 数据分析的结果可以保持在分布式框架的内存中，从而使得下一步的计算不再频繁地读写 HDFS，使得数据分析更加快速和方便。

 需要注意的是，Spark 并不是"仅"使用内存作为分析和处理的存储空间，而是和 HDFS 交互使用，首先尽可能地采用内存空间，当内存使用达到一定阈值时，仍会将数据存储在 HDFS 上。

除此之外，Spark 通过 HDFS 使用自带的和自定义的特定数据格式（RDD），Spark 基本上可以按照程序设计人员的要求处理任何数据，不论这个数据类型是什么样的，数据可以是音乐、电影、文本文件、Log 记录等。通过编写相应的 Spark 处理程序，帮助用户获得任何想要的答案。

有了 Spark 后，再没有数据被认为是过于庞大而不好处理或存储的了，从而解决了之前无法解决的、对海量数据进行分析的问题，便于发现海量数据中潜在的价值。

1.4 核心——MLlib

如果将 Spark 比作一个闪亮的星星的话，那么其中最明亮最核心的部分就是 MLlib。MLlib 是一个构建在 Spark 上的、专门针对大数据处理的并发式高速机器学习库，其特点是采用较为先进的迭代式、内存存储的分析计算，使得数据的计算处理速度大大高于普通的数据处理引擎。

MLlib 机器学习库还在不停地更新中，Apache 的相关研究人员仍在不停地为其中添加更多的机器学习算法。目前 MLlib 中已经有通用的学习算法和工具类，包括统计、分类、回归、聚类、降维等，如图 1-2 所示。

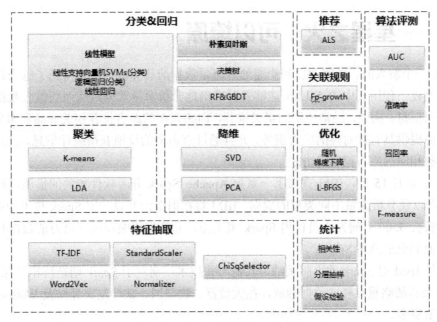

图 1-2　MLlib 的算法和工具类

对预处理后的数据进行分析,从而获得包含着数据内容的结果是 MLlib 的最终目的。MLlib 作为 Spark 的核心处理引擎,在诞生之初就为了处理大数据而采用了"分治式"的数据处理模式,将数据分散到各个节点中进行相应的处理。通过数据处理的"依赖"关系从而使得处理过程层层递进。这个过程可以依据要求具体编写,好处是避免了大数据处理框架所要求进行的大规模数据传输,从而节省了时间,提高了处理效率。

同时,MLlib 借助于函数式程序设计思想,程序设计人员在编写程序的过程中只需要关注其数据,而不必考虑函数调用顺序,不用谨慎地设置外部状态。所有要做的就是传递代表了边际情况的参数。

MLlib 采用 Scala 语言编写,Scala 语言是运行在 JVM 上的一种函数式编程语言,特点就是可移植性强,"一次编写,到处运行"是其最重要的特点。借助于 RDD 数据统一输入格式,让用户可以在不同的 IDE 上编写数据处理程序,通过本地化测试后可以在略微修改运行参数后直接在集群上运行。对结果的获取更为可视化和直观,不会因为运行系统底层的不同而造成结果的差异与改变。

MLlib 是 Spark 的核心内容,也是其中最闪耀的部分。对数据的分析和处理是 Spark 的精髓,也是挖掘大数据这座宝山的金锄头,本书的内容也是围绕 MLlib 进行的。

1.5 星星之火，可以燎原

Spark 一个新兴的、能够便捷和快速处理海量数据的计算框架，它得到了越来越多从业者的关注与重视。使用其中的 MLlib 能够及时准确地分析海量数据，从而获得大数据中所包含的各种有用信息。例如，经常使用的聚类推荐，向感兴趣的顾客推荐相关商品和服务；或者为广告供应商提供具有针对性的广告服务，并且通过点击率的反馈获得统计信息，进而有效地帮助他们调整相应的广告投放能力。

2015 年 6 月 15 日，IBM 宣布了一系列 Apache Spark 开源软件相关的措施，旨在更好地存储、处理以及分析大量不同类型的数据。IBM 将在旧金山开设一家 Spark 技术中心，这一举措将直接教会 3500 名研发人员使用 Spark 来工作，并间接影响超过一百万的数据科学家和工程师，让他们更加熟悉 Spark。

相对于 IBM 对 Spark 的大胆采纳，其他一些技术厂商对于 Spark 则是持相当保留的态度。IBM 近年来将战略重点转向数据领域，在大数据、物联网、软件定义存储及 Watson 系统等领域投入大量资金。

IBM 在 Spark 开源软件方面的举动将会对许多以 Spark 为框架协议的初创公司带来利益，最重要的是会使业界对 Spark 开源软件的接受度和应用率增加。因为 Spark 开源软件不仅对初创公司有利，对于一些大的数据项目来说，它也是非常好的解决方案。

Spark 将是大数据分析和计算的未来，定将会成为应用最为广泛的计算架构。越来越多的公司和组织选择使用 Spark，不仅体现出使用者对大数据技术和分析能力要求越来越高，也体现出了 Spark 这一新兴的大数据技术对于未来的应用前景越来越好。

1.6 小结

Spark 是未来大数据处理的最佳选择，而 MLlib 是 Spark 最核心最重要的部分。掌握了使用 MLlib 对数据处理的技能，可以真正使得大数据为我所用，让我们梦想成真，大数据会成为我们所拥有的财富，一座可以开采的金矿。我们还有什么理由不去使用和掌握它呢？

第 2 章
◀ Spark安装和开发环境配置 ▶

本章将介绍 Spark 的单机版安装方法和开发环境配置。MLlib 是 Spark 数据处理框架的一个主要组件，因此其运行必须要有 Spark 的支持。本书以讲解和演示 MLlib 原理和示例为主，因此在安装上将详细介绍基于 Intellij IDEA 的在 Windows 操作系统上的单机运行环境，这也是 MLlib 学习和调试的最常见形式，以便更好地帮助读者学习和掌握 MLlib 编写精髓。

本章主要知识点：

- 环境搭建
- Spark 单机版的安装与配置
- 写出第一个 Spark 程序

2.1　Windows 单机模式 Spark 安装和配置

Windows 系统是最常见的操作系统，本节将讲解如何在 Windows 系统中下载使用 Spark 单机模式。

2.1.1　Windows 7 安装 Java

MLlib 是 Spark 大数据处理框架中的一个重要组件，其广泛应用于各类数据的分析和处理。Scala 是一种基于 JVM 的函数式编程语言，而 Spark 是借助于 JVM 运行的一个数据处理框架，因此其使用首选安装 Java。

步骤 **01**　首先从 Java 地址下载安装 Java 安装程序，地址如下：

http://www.oracle.com/technetwork/java/javase/downloads/index.html

单击 JavaDownLoad，进入下载页面。本书在编写时 Java 8 已经放出，这里推荐读者全新安装时使用 Java 8，如图 2-1 所示。

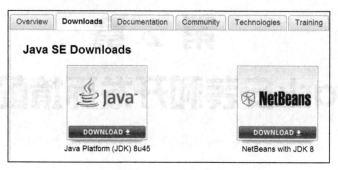

图 2-1　Java 安装选项

 步骤 02　此时单击 Accept License Agreement 按钮，之后按需求选择 Java 的版本号。本例中为了统一安装，这里全部选择 32 位 Java 安装文件进行下载，如图 2-2 所示。

图 2-2　下载 Java

提 示　这里需要注意的是，为了统一安装后续的其他语言，统一采用 32 位的安装模式。

步骤 03　双击下载后的文件，在默认路径安装 Java，如图 2-3 所示，此时静待安装结束即可。

图 2-3　Java 安装过程

步骤 04　安装结束后需要对环境变量进行配置，首先右击"我的电脑"|"属性"选项，在弹出的对话框中单击"高级系统设置"选项，然后选中"高级"标签。单击"环境变

量"按钮，在当前用户名下新建 JAVA_HOME 安装路径，即前面 jdk 安装所在路径，如图 2-4 所示。

步骤 05 PATH 用于设置编译器和解释器路径，在设置好 JAVA_HOME 后，需要对 PATH 设置以便能在任何目录下使用，如图 2-5 所示。

图 2-4　设置环境变量：JAVA_HOME

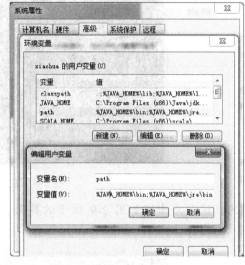

图 2-5　设置环境变量：PATH

步骤 06 最后再对 CLASSPATH 进行配置，此时需要注意的是，路径方框中一定要在开头加上 ".;"（不包括引号），如图 2-6 所示。

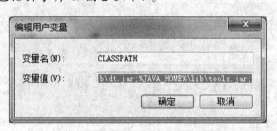

图 2-6　设置 CLASSPATH 路径

步骤 07 单击 Windows 7 开始菜单，在附件里面找到运行，输入 cmd 命令，如图 2-7 所示。

图 2-7　输入 CMD 运行命令

步骤 08 输入命令后打开控制台界面，在打开的界面中输入 java，如图 2-8 所示。

图 2-8　输入 java 运行命令

步骤 09 运行后出现如图 2-9 所示的界面，说明 Java 已经配置好了！电脑可以运行 Java 程序了。

图 2-9　配置结果

2.1.2　Windows 7 安装 Scala

步骤 01 Scala 的安装比较容易，直接下载相应的编译软件，下载之后双击程序直接安装即可，Scala 会在安装过程中自行设置。我们需要下载的版本是 Scala 2.10.3，下载地址：
http://www.scala-lang.org

步骤 02 打开 Scala 网站首页，如图 2-10 所示。

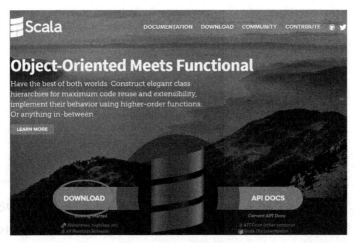

图 2-10　Scala 网站首页

步骤 03　单击 DOWNLOAD 按钮，进入下载界面，单击如图 2-11 所示黑圈处的链接。

图 2-11　Scala 下载页面

步骤 04　根据日期的不同，在首页默认下载的 Scala 版本也不尽相同，这里本文笔者选用的是 2.10.3 版本，单击图 2-12 中 ALL download 按钮进入版本选择页面，如图 2-12 所示：

Scala 2.11.0-M2
Scala 2.10.5
Scala 2.10.4
Scala 2.10.4-RC3
Scala 2.10.4-RC2
Scala 2.10.4-RC1
Scala 2.10.3
Scala 2.10.3-RC3
Scala 2.10.3-RC2

图 2-12　Scala 版本选择

这里需要注意的是，目前 Scala 最新版本为 2.12，但是为了更好地与 Spark 兼容，笔者在这里推荐使用 2.10.3 稳定版。

步骤 05　单击图 2-12 中画横线的按钮进入 Scala2.10.3 版本的下载页面，如图 2-13 所示：等待程序下载完成后，双击进行程序安装。

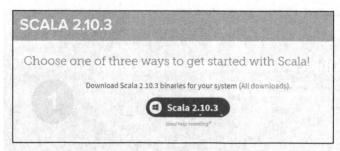

图 2-13　Scala2.10.3 下载页面

步骤 06　与 Java 安装时类似，安装结束后对环境变量进行配置，首先右击"我的电脑" | "属性"菜单，打开"系统属性"对话框。单击"高级系统设置"选项。之后选中"高级"标签。单击"环境变量"按钮。在当前用户名下新建 SCALA-HOME 安装路径，即前面 Scala 安装所在路径，如图 2-14 所示。

图 2-14　SCALA-HOME 环境变量设置

步骤 07　设置 path 变量：找到系统变量下的"path"项，单击编辑。在"变量值"一栏的最前面添加如下的"%scala_Home%\bin;%scala_Home%\jre\bin;"注意后面的分号";"不要漏掉。

步骤 08　设置 classpath 变量：找到系统变量下的"ClassPath"如图 2-15 所示，单击编辑，如没有，则单击"新建"按钮，打开"新建系统变量"窗口，设置"变量名"为 ClassPath，"变量值"为.;%scala_Home%\bin;%scala_Home%\lib\dt.jar;%scala_Home%\lib\tools.jar.;。

"变量值"最前面的.;不要漏掉。最后单击"确定"按钮即可。

图 2-15　ClassPath 环境变量设置

步骤 **09**　跟前面运行 Java 命令一样，还是通过在"运行"对话框输入 cmd 命令打开命令控制台。

输入 scala，显示如图 2-16 所示，可以认为 scala 安装完毕。

图 2-16　输入 scala 运行结果

2.1.3　Intellij IDEA 下载和安装

Intellij IDEA 是常用的 Java 编译器，也可以用它作为 Spark 单机版的调试器。Intellij IDEA 有社区免费版和付费版，这里只需要使用免费版即可。

Intellij IDEA 下载地址为：http://www.jetbrains.com/idea/download/，如图 2-17 所示，选择右侧社区免费版下载即可。

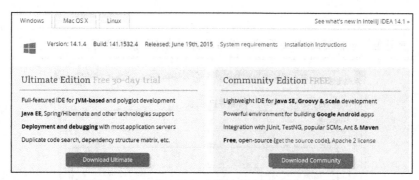

图 2-17　Intellij IDEA 安装选择右侧社区免费版

双击下载下来的 Intellij IDEA，会自动进行安装，这里基本没有什么需要特别注意的事项，读者如果安装过程中碰到问题，可以自行百度解决。

2.1.4　Intellij IDEA 中 Scala 插件的安装

Scala 是一种把面向对象和函数式编程理念加入到静态类型语言中的语言，可以把 Scala 应用在很大范围的编程任务上，无论是小脚本或是大系统都可以用 Scala 实现。Scala 运行在标准的 Java 平台上（JVM），可以与所有的 Java 库实现无缝交互。

而 Spark MLlib 是基于 Java 平台的大数据处理框架，因此在语言的选择上，可以自由选择最方便的语言进行编译处理。而 Scala 天生具有的简洁性和性能上的优势，以及可以在 JVM 上直接使用的特点，使其成为 Spark 官方推荐的首选程序语言，因此本书笔者也推荐使用 Scala 语言作为 Spark MLlib 学习的首选语言。

Intellij IDEA 本身并没有安装 Scala 编译插件，因此在使用 Intellij IDEA 编译 Scala 语言编写的 Spark MLlib 语言之前，需要安装 Scala 编译插件，其安装步骤如下：

步骤01　在桌面上找到已安装的 Intellij IDEA 图标，双击打开后请等待读取界面结束（如图 2-18 所示）。由于 Intellij IDEA 是首次使用，之后会进入创建工程选项，如图 2-19 所示。

图 2-18　Intellij IDEA 读取界面

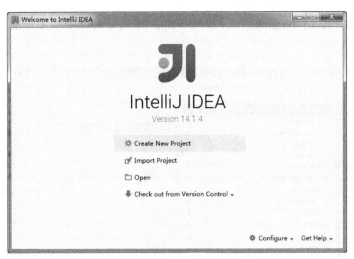

图 2-19　Intellij IDEA 首次使用界面

步骤 02　因为需要使用的是 Scala 语言编译程序，这里建议读者先选择新建工程，验证是否可以使用 Scala 创建工程，如图 2-20 所示。

图 2-20　创新新工程页面

步骤 03　从图 2-20 可以看到，其中并没有可以建立 Scala 工程的选项。即，如果需要使用 Scala，Intellij IDEA 需要进一步配置相应的开发组件。因此在这一步，单击 Cancel 按钮，之后选择 Configure 选项，然后选择 Plugins 进入插件的选择，单击左下角的

"Install Intellij Plugins..."，出现如图 2-21 所示的界面，上面显示了当前可以安装的插件。

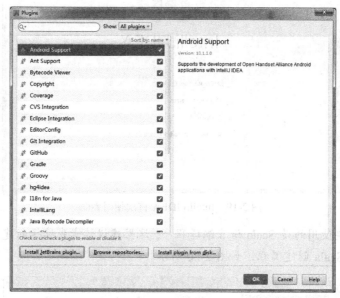

图 2-21　查找插件

步骤 04 此时如果显示的插件过多，可以在 Search 文本框中键入 Scala 搜索相应的 Scala 插件，如图 2-22 所示。

图 2-22　查找 Scala 插件

步骤 05 当找到 Scala 插件后，单击右侧的"install plugin"绿色按钮，等待一段时间，即可完成安装，如图 2-23 所示。

图 2-23　安装 Scala 插件

步骤 06 当安装完毕后，可以看到，在"new project"选项下有一项新的项目即为"Scala"，如图 2-24 所示。单击项目，可以创建相关程序，至此 Intellij IDEA 的 Scala 插件安装完毕。

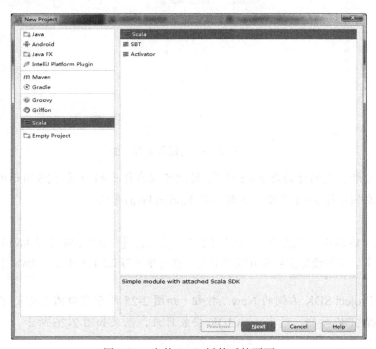

图 2-24　安装 Scala 插件后的页面

2.1.5　HelloJava——使用 Intellij IDEA 创建 Java 程序

激动人心的时刻开始了，如果读者看到这里，表明你已经成功安装好了 Java、Scala 以及通用编译器 Intellij IDEA。那么祝贺你，你迈入了称为一个合格程序员的第一步，下面将带领读者正式使用 Intellij IDEA 创建 Java 与 Scala 的 HelloWorld 小程序。

步骤 **01**　单击桌面上的 Intellij IDEA 标记，打开 Intellij IDEA 软件，这里建议读者先选择新建工程，单击新建工程后界面如图 2-25 所示。

图 2-25　创建新工程页面

步骤 **02**　这里笔者首先创建的是 Java 程序，因此可以在弹出的如图 2-25 所示的窗口中进行选择，左侧选择 Java 选项，右侧选择 Kotlin(Java)选项。

最上方的 SDK 选项为空，因此需要在下一步之前进行设定，SDK 是 Java 语言的编译开发工具包，需要设定安装的 JDK 的地址。在这里填写 2.1.1 节中安装 Java 时使用的地址。

步骤 **03**　单击 Project SDK 右侧的 New...按钮（如图 2-25 所示窗口右上方），在弹出的对话框中选择 JDK 按钮，选定 Java JDK 安装目录，结果如图 2-26 所示。

图 2-26　SDK 选择界面

　　从图 2-27 右侧的圈注可以看到 IDE 以及自动认出了 Java 的版本号，可以使用 Intellij IDEA 创建一个 Java 程序。

图 2-27　SDK 选择界面

步骤 04　单击 Next 按钮后给创建的文件起一个好名字（如图 2-28 所示），然后单击 Finish 按钮，即可创建程序文件。

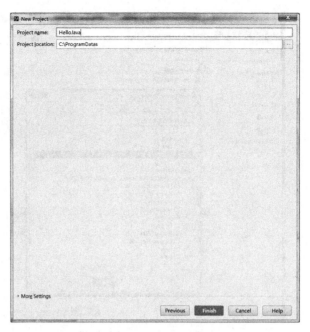

图 2-28　文件名创建界面

步骤 05　在弹出的界面上，右击左侧的 src（源码），之后单击 New|Java Class 菜单，如图 2-29
所示。

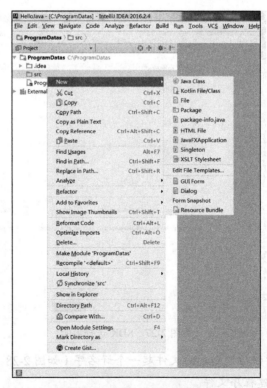

图 2-29　创建一个 Java 新程序

在打开的对话框中填写名称 HelloJava，如图 2-30 所示，单击 OK 按钮后，创建了一个新的 Java 程序。

图 2-30　创建一个 Java 新程序

步骤 **06**　此时，在弹出的界面右侧补充代码，如程序 2-1 所示：

代码位置：//SRC//C02// HelloJava.java

程序 2-1

```java
public class HelloJava {
    public static void main(String[] args){
        System.out.print("helloJava");
    }
}
```

最终打印结果如图 2-31 所示。

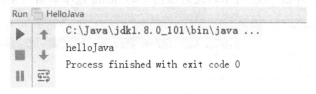

图 2-31　运行效果

这里是使用 Java 语言创建了一个新的 Java Class 文件，用于对程序进行编写与编译。虽然在后续的学习中，Java 语言并不是作为本书 Spark 的主要程序设计语言，但是对于 Spark 来说，Java 语言仍旧是一个非常重要的语言基础，有无可替代的作用。

2.1.6　HelloScala——使用 Intellij IDEA 创建 Scala 程序

如果在上一小节中读者成功地运行 Intellij IDEA 并成功地获得了 HelloJava 代码执行结果，那么恭喜你，你已经配置好了 Intellij IDEA 编译器并调试其正常使用了。本节中将继续使用这个编译器编译 Scala 程序，这也是本书的一个重要基础内容。

步骤 **01**　单击 IDE 主界面上 File 标签，新建一个工程，如图 2-32 所示。

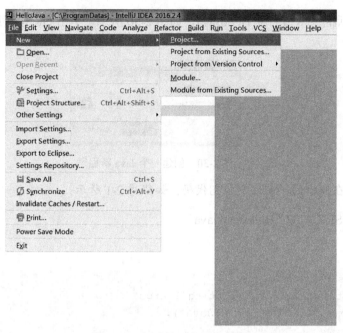

图 2-32　新建的一个工程页面

步骤 02　之后会进入工作界面，在这里有两种方式可以新建一个 Scala 程序，笔者推荐使用第二种方式，即图 2-33 所示的左边框图中的 Scala 选项和右边主图中 Scala 程序。

图 2-33　创建 Scala 新工程页面

步骤 03 最后单击 Finish 后会进入存放地点设置和 Scala 编译器设置页面，这里选择输入 2.1.2
节中安装的 Scala 目录地址，如图 2-34 所示。

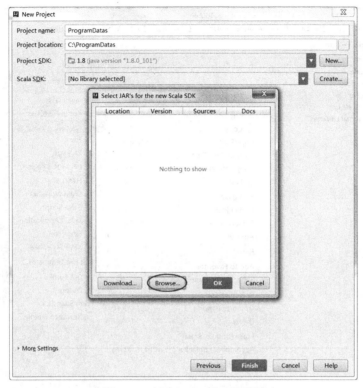

图 2-34　创建 Scala 新工程页面

单击 Brown 按钮后可以查找已安装的 Scala 的 SDK，这里笔者已经带领读者在 2.1.2 节中
安装过 Scala，因此直接选择查找已安装的 SDK 即可。或者有需要的话可以直接单击 DownLoad
按钮下载不同版本的 Scala 语言。

最终查找结果如图 2-35 所示。

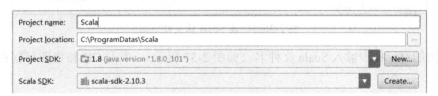

图 2-35　查找结果

可以看到，这里使用了 2 个编译器，分别是 Java 和 Scala 的 SDK，因为对于 Scala 来说，
其实质也是运行在 Java 虚拟机上的一种编译语言，需要获得 JDK 的支持。

Scala 文件夹的位置最好不要与 2.1.5 节中 Java 文件存放的位置相同，以免在编译时产生
错误。单击 Finish 按钮后静待 IDEA 完成后续的创建工作。

步骤 **04** 右击左侧列表中的src列表项来新建文件，但是需要注意，这里是新建一个Scala Class 文件，如图 2-36 所示。

图 2-36　创建 Scala 新文件页面

在弹出的对话框中输入 Scala 文件名（如图 2-37 所示），单击 OK 按钮即可创建一个空的 Scala 程序。

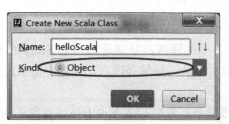

图 2-37　创建新的 Scala 程序

这里需要注意的是，如图 2-37 中的圈注所示，类型选择必须为 Object 而非 Class，这点和 Java 程序有非常大的不同，请读者一定注意。

代码位置：//SRC//C02// helloScala.scala

程序 2-2

```
class helloScala {
  def main(args: Array[String]): Unit = {
    print("helloScala")
  }
}
```

步骤 05　与 Java 编译时类似，右击文件名，选择"Run 代码段"，如图 2-38 所示。

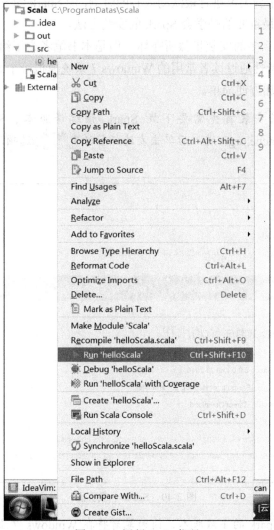

图 2-38　运行 Scala 代码

最终运行结果如图 2-39 所示。

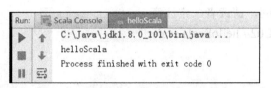

图 2-39　运行效果

2.1.7　最后一脚——Spark 单机版安装

读者走到这一步是非常艰难的，但是相信已经有取得成功后获得的喜悦。先不要急着庆祝，相信我，我们离最后的胜利已经不远了。

本小节中，笔者将带领大家进行最激动人心的时刻，即 Spark 的安装和学习，但是请稍等，对于目前的我们来说，最重要的是学会 Spark 的安装方法。

可能你会被网上那么多的安装步骤所吓坏，但是本书笔者为了给读者营造一个便捷的学习环境，利用 Spark 的特性通过读者常用的 Windows 7 系统模拟一个 Spark 运行环境，从而使得学习 Spark MLLib 更加方便简单。

步骤 **01** Spark 单机版安装首先需要下载 Spark 预编译版本，Spark 的网站地址为：http://spark.apache.org/。进入后单击左边标签的 Download 选项进入下载页面，如图 2-40 所示。

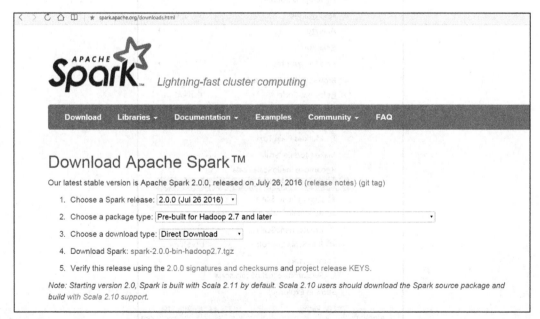

图 2-40　Scala 下载页面

步骤 **02** 这里是选择 Spark 的下载版本，因为笔者将在 Windows 7 上虚拟出一个 Spark 的运行环境，因此笔者建议读者下载安装 Spark 的预编译版本。从图 2-40 上可以看到，这里笔者选用的是经典的 1.3 版本的文件，可能读者在使用本书时有更新的文件可供下载，这里笔者推荐使用的是 1.3 版本稳定版，如图 2-41 所示。

图 2-41　选择 Scala 下载版本

步骤 03　下载下来的文件是 tar 格式的压缩文件。可能有读者使用 Linux 学习过初步的 Spark 知识，但是单机版本的 Spark 与 Linux 不同在于，此时下载的 tgz 文件不要安装，可以直接使用 Winrar 软件解压打开。

找到压缩包中文件位置 spark-1.3.0-bin-hadoop2.4.tgz\spark-1.3.0-bin-hadoop2.4\lib，找到并拷贝 spark-assembly-1.3.0-hadoop2.4.0.jar 文件，这个是 Spark 的核心文件，也是其运行和计算的主体，如图 2-42 所示。

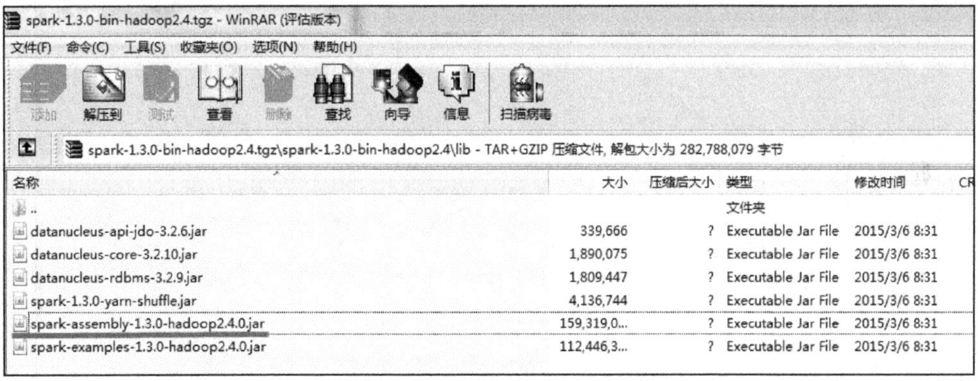

图 2-42　下载的 Spark 预编译

步骤 04　单独的 jar 文件不能使用，因此需要将找到的 spark-assembly-1.3.0-hadoop2.4.0 复制导入到 Intellij IDEA 安装目录下的 lib 供程序使用。

单击 Intellij IDEA 菜单栏上 File 选项，选择 Project Strcture，在弹出的对话框中单击左侧的 Libraries，之后单击中部上方绿色+号，选择 Java 文件，添加刚才下载的 jar 包文件，如图 2-43 所示。

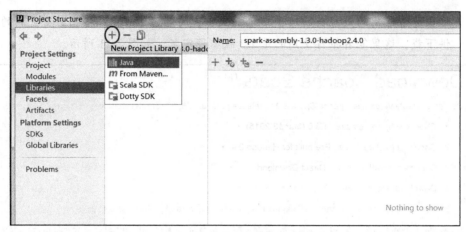

图 2-43　准备添加 jar 包文件

步骤 05　　添加后的 Lib 文件框如图 2-44 所示。

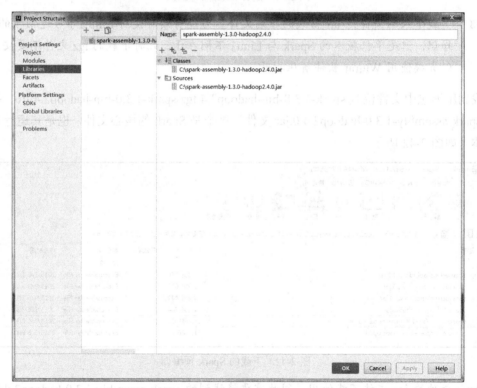

图 2-44　添加 jar 文件后的 Lib 文件库

返回主界面，打开左边工程栏下的工程扩展文件库，也可以看到 Saprk 核心文件已经被安装，如图 2-45 所示。

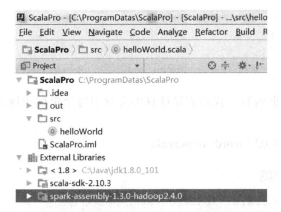

图 2-45　主界面工程栏下添加 jar 文件后的 Lib 文件库

2.2　经典的 WordCount

上节成功安装完 Spark 单机版，下面可以开始 MLlib 的学习了，这也是我们学习 MLlib 万里长征的第一步。

2.2.1　Spark 实现 WordCount

相信有不少读者都有 Hadoop 的学习经验，经典的 WordCount 是 MapReduce 入门必看的例子，可以称为分布式框架的 Hello World，也是大数据处理程序员必须掌握的入门技能。WordCount 的主要功能是统计文本中某个单词出现的次数，其形式如图 2-46 所示。

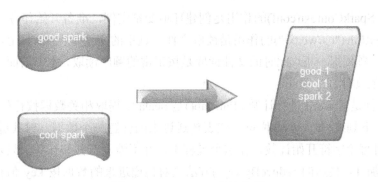

图 2-46　WordCount 统计流程

首先是数据的准备工作，这里为了简化起见，采用小数据集（本书将以小数据为主演示 MLlib 的使用和原理）。

在 C 盘建立名为 wc.txt 的文本文件，文件名可以自行设定，内容如下：

数据位置：//DATA//D02//wc.txt

```
good bad cool
hadoop spark mllib
good spark mllib
cool spark bad
```

这是需要计数的数据内容，我们需要计算出文章中每个单词出现的次数，Spark 代码如程序 2-3 所示。

代码位置：// SRC//C02// wordCount.scala

程序 2-3　Spark 代码

```
import org.apache.spark.{SparkContext, SparkConf}
object wordCount {
  def main(args: Array[String]) {
    val conf = new SparkConf().setMaster("local").setAppName("wordCount")
//创建环境变量
    val sc = new SparkContext(conf)                         //创建环境变量实例
    val data = sc.textFile("c://wc.txt")               //读取文件
    data.flatMap(_.split(" ")).map((_,
1)).reduceByKey(_+_).collect().foreach(println)      //word 计数
  }
}
```

下面是对程序进行分析。

（1）首先笔者 new 了一个 SparkConf()，目的是创建了一个环境变量实例，告诉系统开始 Spark 计算。之后的 setMaster("local")启动了本地化运算，setAppName("wordCount")是设置本程序名称。

（2）new SparkContext(conf)的作用是创建环境变量实例，准备开始任务。

（3）sc.textFile("c://wc.txt")的作用是读取文件，这里的文件是在 C 盘上，因此路径目录即为 c://wc.txt。顺便提一下，此时的文件读取是按正常的顺序读取，本书后面章节会介绍如何读取特定格式的文件。

（4）第 4 行是对 word 进行计数。flatMap()是 Scala 中提取相关数据按行处理的一个方法，_.split(" ")中，下划线_是一个占位符，代表传送进来的任意一个数据，对其进行按" "分割。map((_,1))是对每个字符开始计数，在这个过程中，并不涉及合并和计算，只是单纯地将每个数据行中单词加 1。最后的 reduceByKey()方法是对传递进来的数据按 key 值相加，最终形成 wordCount 计算结果。

目前程序流程如图 2-47 所示。

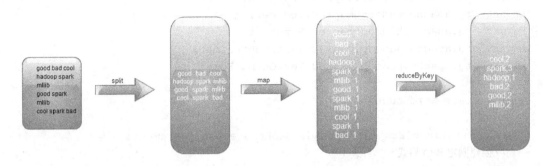

图 2-47　WordCount 流程图

（5）collect()是对程序的启动，因 Spark 编程的优化，很多方法在计算过程中属于 lazy 模式，因此需要一个显性启动支持。foreach(println)是打印的一个调用方法，打印出数据内容。

具体打印结果如下：

```
(cool,2)
(spark,3)
(hadoop,1)
(bad,2)
(good,2)
(mllib,2)
```

2.2.2　MapReduce 实现 WordCount

与 Spark 对比的是 MapReduce 中 wordCount 程序的设计，如程序 2-4 所示，在这里笔者只是为了做对比，如果有读者想深入学习 MapReduce 程序设计，请参考相关的专业书籍。

代码位置：// SRC//C02// wordCount.java

程序 2-4　MapReduce 中 wordCount 程序的设计

```java
import java.io.IOException;
import java.util.Iterator;
import java.util.StringTokenizer;
import org.apache.hadoop.fs.Path;
import org.apache.hadoop.io.IntWritable;
import org.apache.hadoop.io.LongWritable;
import org.apache.hadoop.io.Text;
import org.apache.hadoop.mapred.FileInputFormat;
import org.apache.hadoop.mapred.FileOutputFormat;
import org.apache.hadoop.mapred.JobClient;
import org.apache.hadoop.mapred.JobConf;
import org.apache.hadoop.mapred.MapReduceBase;
import org.apache.hadoop.mapred.Mapper;
```

```
import org.apache.hadoop.mapred.OutputCollector;
import org.apache.hadoop.mapred.Reducer;
import org.apache.hadoop.mapred.Reporter;
import org.apache.hadoop.mapred.TextInputFormat;
import org.apache.hadoop.mapred.TextOutputFormat;

public class WordCount {

  public static class Map extends MapReduceBase implements
    //创建固定 Map 格式
    Mapper<LongWritable, Text, Text, IntWritable> {
      //创建数据1格式
      private final static IntWritable one = new IntWritable(1);
      //设定输入格式
      private Text word = new Text();
      //开始 map 程序
      public void map(LongWritable key, Text value,
           OutputCollector<Text, IntWritable> output, Reporter reporter)
           throws IOException {
        //将传入值定义为 line
        String line = value.toString();
        //格式化传入值
        StringTokenizer tokenizer = new StringTokenizer(line);
        //开始迭代计算
        while (tokenizer.hasMoreTokens()) {
          //设置输入值
          word.set(tokenizer.nextToken());
          //写入输出值
          output.collect(word, one);
        }
      }
    }

  public static class Reduce extends MapReduceBase implements
    //创建固定 Reduce 格式
    Reducer<Text, IntWritable, Text, IntWritable> {
      //开始 Reduce 程序
      public void reduce(Text key, Iterator<IntWritable> values,
           OutputCollector<Text, IntWritable> output, Reporter reporter)
           throws IOException {
        //初始化计算器
        int sum = 0;
        //开始迭代计算输入值

        while (values.hasNext()) {
```

```
        sum += values.next().get();           //计数器计算
    }
    //创建输出结果
    output.collect(key, new IntWritable(sum));
  }
}
//开始主程序
public static void main(String[] args) throws Exception {
    //设置主程序
    JobConf conf = new JobConf(WordCount.class);
    //设置主程序名
    conf.setJobName("wordcount");
    //设置输出 Key 格式
    conf.setOutputKeyClass(Text.class);
    //设置输出 Vlaue 格式
    conf.setOutputValueClass(IntWritable.class);
    //设置主 Map
    conf.setMapperClass(Map.class);
    //设置第一次 Reduce 方法
    conf.setCombinerClass(Reduce.class);
    //设置主 Reduce 方法
    conf.setReducerClass(Reduce.class);
    //设置输入格式
    conf.setInputFormat(TextInputFormat.class);
    //设置输出格式
    conf.setOutputFormat(TextOutputFormat.class);
    //设置输入文件路径
    FileInputFormat.setInputPaths(conf, new Path(args[0]));
    //设置输出路径

    FileOutputFormat.setOutputPath(conf, new Path(args[1]));
    //开始主程序
    JobClient.runJob(conf);
  }
}
```

从程序 2-3 和程序 2-4 的对比可以看到，采用了 Scala 的 Spark 程序设计能够简化程序编写的过程与步骤，同时在后端，Scala 对编译后的文件有较好的优化性，这些都是目前使用 Java 语言所欠缺的。

这里顺便提一下，可能有部分使用者在使用 Scala 时感觉较为困难，但实际上，Scala 在使用中主要将其进行整体化考虑，而非 Java 的面向对象的思考方法，这点请读者注意。

2.3 小结

  Intellij IDEA 是目前常用的 Java 和 Scala 程序设计以及框架处理软件，它拥有较好的自动架构、辅助编码和智能控制等功能，目前有极大的趋势取代 Eclipse 的使用。

  在 Windows 上对 Spark 进行操作，解决了大部分学习人员欠缺大数据运行环境的烦恼，便于操作和研究基本算法，这对真实使用大数据集群进行数据处理有很大的帮助。在后面的章节中，笔者将着重介绍基于 Windows 单机环境下 Spark 的数据处理方法和内容，这种单机环境下相应程序的编写，与集群环境下运行时的程序编写基本相同，部分程序稍作修改即可运行在集群中，这点请读者不用产生顾虑。

第 3 章

◀ RDD详解 ▶

本章将着重介绍 Spark 最重要的核心部分 RDD，整个 Spark 的运行和计算都是围绕 RDD 进行的。RDD 可以看成一个简单的"数组"，对其进行操作也只需要调用有限的数组中的方法即可。它与一般数组的区别在于：RDD 是分布式存储，可以更好地利用现有的云数据平台，并在内存中运行。

本章笔者将详细介绍 RDD 的基本原理，讲原理的时候总是感觉很沉闷，笔者尽量使用图形方式向读者展示 RDD 的基本原理。本章也向读者详细介绍 RDD 的常用方法，介绍这些方法时与编程实战结合起来，为后续的各种编程实战操作奠定基础。

本章主要知识点：

- 认识 RDD，以及它的重要性
- RDD 的工作原理
- RDD 中常用的方法

3.1　RDD 是什么

RDD 是 Resilient Distributed Datasets 的简称，翻译成中文为"弹性分布式数据集"，这个语义揭示了 RDD 实质上是存储在不同节点计算机中的数据集。分布式存储最大的好处是可以让数据在不同的工作节点上并行存储，以便在需要数据的时候并行运算，从而获得最迅捷的运行效率。

3.1.1　RDD 名称的秘密

Resilient 是弹性的意思。在 Spark 中，弹性指的是数据的存储方式，即数据在节点中进行存储时候，既可以使用内存也可以使用磁盘。这为使用者提供了很大的自由，提供了不同的持久化和运行方法，有关这点，我们会在后面详细介绍。

除此之外，弹性还有一个意思，即 RDD 具有很强的容错性。这里容错性指的是 Spark 在运行计算的过程中，不会因为某个节点错误而使得整个任务失败。不同节点中并发运行的数据，如果在某一个节点发生错误时，RDD 会自动将其在不同的节点中重试。关于 RDD 的容错性，这里尽量避免理论化探讨，尽量讲解得深入一些，毕竟这本书是以实战为主。

关于分布式数据的容错性处理是涉及面较广的问题，较为常用的方法主要是两种：

- 检查节点
- 更新记录

检查节点的方法是对每个数据节点逐个进行检测，随时查询每个节点的运行情况。这样做的好处是便于操作主节点随时了解任务的真实数据运行情况，而坏处在于由于系统进行的是分布式存储和运算，节点检测的资源耗费非常大，而且一旦出现问题，需要将数据在不同节点中搬运，反而更加耗费时间从而极大地拉低了执行效率。

更新记录指的是运行的主节点并不总是查询每个分节点的运行状态，而是将相同的数据在不同的节点（一般情况下是 3 个）中进行保存，各个工作节点按固定的周期更新在主节点中运行的记录，如果在一定时间内主节点查询到数据的更新状态超时或者有异常，则在存储相同数据的不同节点上重新启动数据计算工作。其缺点在于如果数据量过大，更新数据和重新启动运行任务的资源耗费也相当大。

3.1.2　RDD 特性

前面已经介绍，RDD 是一种分布式弹性数据集，将数据分布存储在不同节点的计算机内存中进行存储和处理。每次 RDD 对数据处理的最终结果，都分布存放在不同的节点中。这样的话，在进行到下一步数据处理工作时，数据可以直接从内存中提取，从而省去了大量的 IO 操作，这对于传统的 MapReduce 操作来说，更便于使用迭代运算提升效率。

RDD 的另外一大特性是延迟计算，即一个完整的 RDD 运行任务被分成两部分：Transformation 和 Action。

1. Transformation

Transformation 用于对 RDD 的创建。在 Spark 中，RDD 只能使用 Transformation 来创建，同时 Transformation 还提供了大量的操作方法，例如 map、filter、groupBy、join 等操作来对 RDD 进行处理。除此之外，RDD 可以利用 Transformation 来生成新的 RDD，这样可以在有限的内存空间中生成尽可能多的数据对象。但是有一点请读者牢记，无论发生了多少次 Transformation，在 RDD 中真正数据计算运行的操作 Action 都不可能真正运行。

2. Action

Action 是数据的执行部分，其通过执行 count、reduce、collect 等方法去真正执行数据的计算部分。实际上，RDD 中所有的操作都是使用的 Lazy 模式进行，Lazy 是一种程序优化的特殊形式。运行在编译的过程中不会立刻得到计算的最终结果，而是记住所有的操作步骤和方法，只有显式地遇到启动命令才进行计算。

这样做的好处在于大部分的优化和前期工作在 Transformation 中已经执行完毕，当 Action

进行工作时，只需要利用全部自由完成业务的核心工作。读者可以参照图 3-1 加以体会。

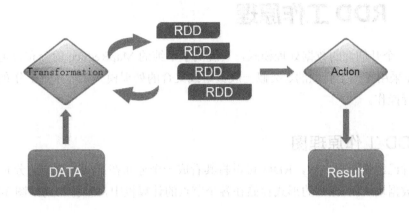

图 3-1　RDD 核心流程

3.1.3　与其他分布式共享内存的区别

可能有读者在以前的学习或工作中了解到，分布式共享内存（Distributed Shared Memory，简称 DSM）系统是一种较为常用的分布式框架。在架构完成的 DSM 系统中，用户可以向框架内节点的任意位置进行读写操作。这样做有非常大的便捷性，可以使得数据脱离本地单节点束缚，但是在进行大规模计算时，对容错性容忍程度不够，常常因为一个节点产生错误而使得整个任务失败。

RDD 与一般 DSM 有很大的区别，首先 RDD 在框架内限制了批量读写数据的操作，有利于整体的容错性提高。此外，RDD 并不单独等待某个节点任务完成，而是使用"更新记录"的方式去主动性维护任务的运行，在某一个节点中任务失败，而只需要在存储数据的不同节点上重新运行即可。

 建议读者将 RDD 与 DSM 异同点列出做个对比查阅。因为不是本章重点，请读者自行完成。

3.1.4　RDD 缺陷

在前面已经说过，RDD 相对于一般的 DSM，更加注重与批量数据的读写，并且将优化和执行进行分类。通过 Transformation 生成多个 RDD，当其在执行 Action 时，主节点通过"记录查询"的方式去确保任务的政策执行。

但是由于这些原因，使得 RDD 并不适合作为一个数据的存储和抓取框架，因为 RDD 主要执行在多个节点中的批量操作，即一个简单的写操作也会分成两个步骤进行，这样反而会降低运行效率。例如一般网站中的日志文件存储，更加适合使用一些传统的 MySQL 数据库进行存储，而不适合采用 RDD。

3.2 RDD 工作原理

RDD 是一个开创性的数据处理模式，其脱离了单纯的 MapReduce 的分布设定、整合、处理的模式，而采用了一个新颖的、类似一般数组或集合的处理模式，对存储在分布式存储空间上的数据进行操作。

3.2.1 RDD 工作原理图

前面笔者已经说了很多次，RDD 可以将其看成一个分布在不同节点中的分布式数据集，并将数据以数据块（Block）的形式存储在各个节点的计算机中，整体布局如图 3-2 所示。

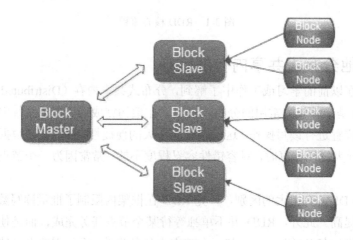

图 3-2　数据块存储方式

从图上可以看到，每个 BlockMaster 管理着若干个 BlockSlave，而每个 BlockSlave 又管理着若干个 BlockNode。当 BlockSlave 获得了每个 Node 节点的地址，会又反向 BlockMaster 注册每个 Node 的基本信息，这样形成分层管理。

而对于某个节点中存储的数据，如果使用频率较多，则 BlockMaster 会将其缓存在自己的内存中，这样如果以后需要调用这些数据，则可以直接从 BlockMaster 中读取。对于不再使用的数据，BlcokMaster 会向 BlockSlave 发送一组命令予以销毁。

3.2.2 RDD 的相互依赖

不知道读者在看图 3-1 的时候有没有注意到，Transformation 在生成 RDD 的时候，生成的是多个 RDD，这里的 RDD 的生成方式并不是一次性生成多个，而是由上一级的 RDD 依次往下生成，我们将其称为依赖。

RDD 依赖生成的方式也不尽相同，在实际工作中，RDD 一般由两种方式生成：宽依赖（wide dependency）和窄依赖（narrow dependency），两者区别请参考图 3-3 所示。

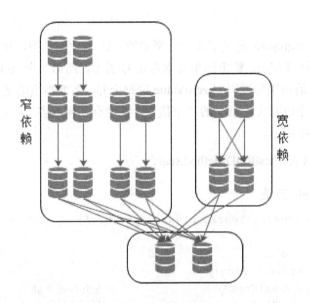

图 3-3　宽依赖和窄依赖

RDD 作为一个数据集合，可以在数据集之间逐次生成，这种生成关系称为依赖关系。从图 3-3 可以看到，如果每个 RDD 的子 RDD 只有一个父 RDD，而同时父 RDD 也只有一个子 RDD 时，这种生成关系称之为窄依赖。而多个 RDD 相互生成，则称之为宽依赖。

宽依赖和窄依赖在实际应用中有着不同的作用。窄依赖便于在单一节点上按次序执行任务，使任务可控。而宽依赖更多的是考虑任务的交互和容错性。这里没有好坏之分，具体选择哪种方式需要根据具体情况处理。

3.3　RDD 应用 API 详解

本书的目的是教会读者在实际运用中使用 RDD 去解决相关问题，因此笔者建议读者更多地将注重点转移到真实的程序编写上。

本节将带领大家学习 RDD 的各种 API 用法，读者尽量掌握这些 RDD 的用法。当然本节的内容可能有点多，读者至少要对这些 API 有个印象，在后文的数据分析时需要查询某个具体方法的用法时再回来查看。

3.3.1　使用 aggregate 方法对给定的数据集进行方法设定

RDD 中比较常见的一种方式是 aggregate 方法，其功能是对给定的数据集进行方法设定，源码如下：

```
def aggregate[U: ClassTag](zeroValue: U)(seqOp: (U, T) => U, combOp: (U, U) =>
```

```
U):U
```

从源码可以看到，aggregate 定义了几个泛型参数。U 是数据类型，可以传入任意类型的数据。seqOp 是给定的计算方法，输出结果要求也是 U 类型，而第二个 combOp 是合并方法，将第一个计算方法得出的结果与源码中 zeroValue 进行合并。需要指出的是：zeroValue 并不是一个固定的值，而是一个没有实际意义的"空值"，它没有任何内容，而是确认传入的结果。具体程序编写如程序 3-1 所示。

代码位置：//SRC//C03// testRDDMethod.scala

程序 3-1　aggregate 方法

```scala
import org.apache.spark.{SparkContext, SparkConf}

object testRDDMethod {
  def main(args: Array[String]) {
    val conf = new SparkConf()                  //创建环境变量
    .setMaster("local")                         //设置本地化处理
    .setAppName("testRDDMethod")                //设定名称
    val sc = new SparkContext(conf)             //创建环境变量实例
    val arr = sc.parallelize(Array(1,2,3,4,5,6))        //输入数组数据集
    val result = arr.aggregate(0)(math.max(_, _), _ + _)//使用 aggregate 方法
    println(result)                             //打印结果
  }
}
```

从上面代码中可以看到，RDD 在使用时是借助于 Spark 环境进行工作的，因此需要对 Spark 环境变量进行设置。

RDD 工作在 Spark 上，因此，parallelize 方法是将内存数据读入 Spark 系统中，作为一个整体数据集。下面的 math.max 方法用于比较数据集中数据的大小，第二个 "_+_" 方法是对传递的第一个比较方法结果进行处理。

由于这里只传入了第一个比较大小方法的结果 6，此时与中立数空值相加，最终结果如下：

```
6
```

> parallelize 是 SparkContext 内方法，由于篇幅关系，笔者不单独介绍，而作为 RDD 的顺带学习内容，提取一些比较重要的做讲解。

程序 3-1 中，Aggregate 方法处理的是第一个计算方法结果和空值的计算结果。这里空值与数组中最大数 6 相加，结果是 6 不言而喻。

parallelize 是 SparkContext 中的方法，其源码如下：

```
def parallelize[T: ClassTag](seq: Seq[T], numSlices: Int = defaultParallelism):
RDD[T]
```

从代码中可以看到，括号中第一个参数是数据，而同时其还有一个带有默认数值的参数，这个参数默认为 1，表示的是将数据值分布在多少个数据节点中存放。程序 3-2 中，笔者将其设定为 2，请读者观察结果。

代码位置：//SRC//C03// testRDDMethod2.scala

程序 3-2　参数改变后

```scala
import org.apache.spark.{SparkContext, SparkConf}

object testRDDMethod2 {
  def main(args: Array[String]) {
    val conf = new SparkConf()                    //创建环境变量
    .setMaster("local")                           //设置本地化处理
    .setAppName("testRDDMethod2")                 //设定名称
    val sc = new SparkContext(conf)               //创建环境变量实例
    val arr = sc.parallelize(Array(1,2,3,4,5,6), 2) //输入数组数据集
    val result = arr.aggregate(0)(math.max(_, _), _ + _)//使用 aggregate 方法
    println(result)                               //打印结果
  }
}
```

先说下输出结果，结果是 9。

原因是在 Parallelize 中，将数据分成 2 个节点存储，即：

```
Array(1,2,3,4,5,6) -> Array(1,2,3) + Array(4,5,6)
```

 建议读者将 Parallelize 进行更多分区查看输出结果。

这样数据在进行下一步的 aggregate 方法时，分别有两个数据集传入 math.max 方法。而 max 方法分别查找出两个数据集的最大值，分别是 3 和 6。这样在调用 aggregate 方法的第二个计算方法时，将查找到的数据值进行相加，获得了最大值 9。而此时由于不再需要 zeroValue 值，则将其舍去不用。

除此之外，程序 3-3 还演示了 aggregate 方法用于字符串的操作。

代码位置：//SRC//C03// testRDDMethod3.scala

程序 3-3　aggregate 方法用于字符串

```scala
import org.apache.spark.{SparkContext, SparkConf}

object testRDDMethod3 {
  def main(args: Array[String]) {
    val conf = new SparkConf()                    //创建环境变量
    .setMaster("local")                           //设置本地化处理
```

```
                .setAppName("testRDDMethod3")            //设定名称
                val sc = new SparkContext(conf)          //创建环境变量实例
                val arr = sc.parallelize(Array("abc","b","c","d","e","f"))  //创建数据集
                //调用计算方法
                val result = arr.aggregate("")((value,word) => value + word, _ + _)

                println(result)                          //打印结果
          }
      }
```

请读者自行验证输出结果。

3.3.2 提前计算的 cache 方法

cache 方法的作用是将数据内容计算并保存在计算节点的内存中。这个方法的使用是针对 Spark 的 Lazy 数据处理模式。

在 Lazy 模式中，数据在编译和未使用时是不进行计算的，而仅仅保存其存储地址，只有在 Action 方法到来时才正式计算。这样做的好处在于可以极大地减少存储空间，从而提高利用率，而有时必须要求数据进行计算，此时就需要使用 cache 方法，其使用方法如程序 3-4 所示。

代码位置：//SRC//C03// CacheTest.scala

程序 3-4　cache 方法

```
import org.apache.spark.{SparkContext, SparkConf}

object CacheTest {
  def main(args: Array[String]) {
    val conf = new SparkConf()                           //创建环境变量
    .setMaster("local")                                  //设置本地化处理
    .setAppName("CacheTest ")                            //设定名称
      val sc = new SparkContext(conf)                    //创建环境变量实例
    val arr = sc.parallelize(Array("abc","b","c","d","e","f"))  //设定数据集
    println(arr)                                         //打印结果
    println("----------------")                          //分隔符
    println(arr.cache())                                 //打印结果
  }
}
```

这里分隔符分割了相同的数据，分别是未使用 cache 方法进行处理的数据和使用 cache 方法进行处理的数据，其结果如下：

```
ParallelCollectionRDD[0] at parallelize at CacheTest.scala:12
----------------
abc,b,c,d,e,f
```

从结果中可以看到，第一行打印结果是一个 RDD 存储格式，而第二行打印结果是真正的数据结果。

需要说明的是：除了使用 cache 方法外，RDD 还有专门的采用迭代形式打印数据的专用方法，具体请见例子 3-5。

代码位置：//SRC//C03// CacheTest2.scala

程序 3-5　采用迭代形式打印数据

```scala
import org.apache.spark.{SparkContext, SparkConf}

object CacheTest2 {
  def main(args: Array[String]) {
    val conf = new SparkConf()              //创建环境变量
    .setMaster("local")                     //设置本地化处理
    .setAppName("CacheTest2 ")              //设定名称
      val sc = new SparkContext(conf)       //创建环境变量实例
    val arr = sc.parallelize(Array("abc","b","c","d","e","f"))  //设定数据集
    arr.foreach(println)                    //打印结果
  }
}
```

arr.foreach(println)是一个专门用来打印未进行 Action 操作的数据的专用方法，可以对数据进行提早计算。

具体内容请读者自行运行查看。

3.3.3　笛卡尔操作的 cartesian 方法

此方法是用于对不同的数组进行笛卡尔操作，要求是数据集的长度必须相同，结果作为一个新的数据集返回。其使用方法如程序 3-6 所示。

代码位置：//SRC//C03// Cartesian.scala

程序 3-6　cartesian 方法

```scala
import org.apache.spark.{SparkContext, SparkConf}

object Cartesian{
  def main(args: Array[String]) {
    val conf = new SparkConf()                    //创建环境变量
    .setMaster("local")                           //设置本地化处理
    .setAppName("Cartesian ")                     //设定名称
    val sc = new SparkContext(conf)               //创建环境变量实例
    var arr = sc.parallelize(Array(1,2,3,4,5,6))  //创建第一个数组
    var arr2 = sc.parallelize(Array(6,5,4,3,2,1)) //创建第二个数据
    val result = arr.cartesian(arr2)              //进行笛卡尔计算
```

```
        result.foreach(print)                        //打印结果
  }
}
```

打印结果如下：

```
(1,6)(1,5)(1,4)(1,3)(1,2)(1,1)(2,6)(2,5)(2,4)(2,3)(2,2)(2,1)(3,6)(3,5)(3,4)
(3,3)(3,2)(3,1)(4,6)(4,5)(4,4)(4,3)(4,2)(4,1)(5,6)(5,5)(5,4)(5,3)(5,2)(5,1)(6,
6)(6,5)(6,4)(6,3)(6,2)(6,1)
```

3.3.4 分片存储的 coalesce 方法

Coalesce 方法是将已经存储的数据重新分片后再进行存储，其源码如下：

```
    def coalesce(numPartitions: Int, shuffle: Boolean = false)(implicit ord:
Ordering[T] = null): RDD[T]
```

这里的第一个参数是将数据重新分成的片数，布尔参数指的是将数据分成更小的片时使
用，举例中将其设置为 true，程序代码如 3-7 所示。

代码位置：//SRC//C03// Coalesce.scala

程序 3-7 coalesce 方法

```
import org.apache.spark.{SparkContext, SparkConf}

object Coalesce{
  def main(args: Array[String]) {
    val conf = new SparkConf()                        //创建环境变量
    .setMaster("local")                               //设置本地化处理
    .setAppName("Coalesce ")                          //设定名称
    val sc = new SparkContext(conf)                   //创建环境变量实例
    val arr = sc.parallelize(Array(1,2,3,4,5,6))       //创建数据集
    val arr2 = arr.coalesce(2,true)                    //将数据重新分区
    val result = arr.aggregate(0)(math.max(_, _), _ + _)   //计算数据值
    println(result)                                   //打印结果
    //计算重新分区数据值
    val result2 = arr2.aggregate(0)(math.max(_, _), _ + _)
    println(result2)   }                              //打印结果
}
```

请读者运行代码自行验证结果。

除此之外，RDD 中还有一个 repartition 方法与这个 coalesce 方法类似，均是将数据重新分
区组合，其使用方法如程序 3-8 所示。

代码位置：//SRC//C03// Repartition.scala

程序 3-8 repartition 方法

```
import org.apache.spark.{SparkContext, SparkConf}

object Repartition {
  def main(args: Array[String]) {
    val conf = new SparkConf()              //创建环境变量
    .setMaster("local")                     //设置本地化处理
    .setAppName("Repartition")              //设定名称
    val sc = new SparkContext(conf)         //创建环境变量实例
    val arr = sc.parallelize(Array(1,2,3,4,5,6))     //创建数据集
    arr = arr.repartition(3)                //重新分区
    println(arr.partitions.length)}         //打印分区数
}
```

打印结果请读者自行验证。

3.3.5 以 value 计算的 countByValue 方法

countByValue 方法是计算数据集中某个数据出现的个数，并将其以 map 的形式返回。具体程序如程序 3-9 所示。

代码位置：//SRC//C03// countByValue.scala

程序 3-9 countByValue 方法

```
import org.apache.spark.{SparkContext, SparkConf}

object countByValue{
  def main(args: Array[String]) {
    val conf = new SparkConf()              //创建环境变量
    .setMaster("local")                     //设置本地化处理
    .setAppName("countByValue")             //设定名称
    val sc = new SparkContext(conf)         //创建环境变量实例
    val arr = sc.parallelize(Array(1,2,3,4,5,6))     //创建数据集
    val result = arr.countByValue()         //调用方法计算个数
    result.foreach(print)                   //打印结果
  }
}
```

最终结果如下：

```
(5,1)(1,1)(6,1)(2,1)(3,1)(4,1)
```

3.3.6 以 key 计算的 countByKey 方法

countByKey 方法与 countByValue 方法有本质的区别。countByKey 是计算数组中元数据键

值对 key 出现的个数，具体见程序 3-10 所示。

代码位置：//SRC//C03// countByKey.scala

程序 3-10　countByKey 方法

```
import org.apache.spark.{SparkContext, SparkConf}

object countByKey{
  def main(args: Array[String]) {
    val conf = new SparkConf()          //创建环境变量
    .setMaster("local")                 //设置本地化处理
    .setAppName("countByKey")           //设定名称
    val sc = new SparkContext(conf)     //创建环境变量实例
    //创建数据集
    var arr = sc.parallelize(Array((1, "cool"), (2, "good"), (1, "bad"), (1,
"fine")))
    val result = arr.countByKey()       //进行计数
    result.foreach(print)               //打印结果
  }
}
```

打印结果如下：

```
(1,3)(2,1)
```

从打印结果可以看到，这里计算了数据键值对的 key 出现的个数，即 1 出现了 3 次，2 出现了 1 次。

3.3.7　除去数据集中重复项的 distinct 方法

distinct 方法的作用是去除数据集中重复的项，如程序 3-11 所示。

代码位置：//SRC//C03// distinct.scala

程序 3-11　distinct 方法

```
import org.apache.spark.{SparkContext, SparkConf}

object distinct{
  def main(args: Array[String]) {
    val conf = new SparkConf()          //创建环境变量
    .setMaster("local")                 //设置本地化处理
    .setAppName("distinct")             //设定名称
    val sc = new SparkContext(conf)     //创建环境变量实例
    var arr = sc.parallelize(Array(("cool"), ("good"), ("bad"),
("fine"),("good"),("cool")))            //创建数据集
    val result = arr.distinct()         //进行去重操作
```

```
    result.foreach(println)                      //打印最终结果
  }
}
```

打印结果如下:

```
cool
fine
bad
good
```

3.3.8　过滤数据的 filter 方法

filter 方法是一个比较常用的方法，它用来对数据集进行过滤，如程序 3-12 所示。

代码位置: //SRC//C03// filter.scala

程序 3-12　filter 方法

```
import org.apache.spark.{SparkContext, SparkConf}

object filter{
  def main(args: Array[String]) {
   val conf = new SparkConf()                    //创建环境变量
   .setMaster("local")                           //设置本地化处理
   .setAppName("filter ")                        //设定名称
   val sc = new SparkContext(conf)               //创建环境变量实例
   var arr = sc.parallelize(Array(1,2,3,4,5))      //创建数据集
   val result = arr.filter(_ >= 3)                 //进行筛选工作
   result.foreach(println)                       //打印最终结果
  }
}
```

具体结果请读者自行验证。这里需要说明的是，在 filter 方法中，使用的方法是"_ >= 3"，这里调用了 Scala 编程中的编程规范，下划线_的作用是作为占位符标记所有的传过来的数据。在此方法中，数组的数据（1,2,3,4,5）依次传进来替代了占位符。

3.3.9　以行为单位操作数据的 flatMap 方法

flatMap 方法是对 RDD 中的数据集进行整体操作的一个特殊方法，因为其在定义时就是针对数据集进行操作，因此最终返回的也是一个数据集。flatMap 方法应用程序如 3-13 所示。

代码位置: //SRC//C03// flatMap.scala

程序 3-13　flatMap 方法

```
import org.apache.spark.{SparkContext, SparkConf}
```

```
object flatMap{
  def main(args: Array[String]) {
    val conf = new SparkConf()                      //创建环境变量
      .setMaster("local")                           //设置本地化处理
      .setAppName("flatMap")                        //设定名称
    val sc = new SparkContext(conf)                 //创建环境变量实例
    var arr = sc.parallelize(Array(1,2,3,4,5))      //创建数据集
    val result = arr.flatMap(x => List(x + 1)).collect()  //进行数据集计算
    result.foreach(println)                         //打印结果
  }
}
```

请读者自行验证打印结果，除此之外，请读者参考下一节的 map 方法，对它们的操作结果做一个比较。

3.3.10 以单个数据为目标进行操作的 map 方法

map 方法可以对 RDD 中的数据集中的数据进行逐个操作，它与 flatmap 不同之处在于，flatmap 是将数据集中的数据作为一个整体去处理，之后再对其中的数据做计算。而 map 方法直接对数据集中的数据做单独的处理。map 方法应用程序如 3-14 所示。

代码位置：//SRC//C03// testMap.scala

程序 3-14　map 方法

```
import org.apache.spark.{SparkContext, SparkConf}

object testMap {
  def main(args: Array[String]) {
    val conf = new SparkConf()                      //创建环境变量
      .setMaster("local")                           //设置本地化处理
      .setAppName("testMap")                        //设定名称
    val sc = new SparkContext(conf)                 //创建环境变量实例
    var arr = sc.parallelize(Array(1,2,3,4,5))      //创建数据集
    val result = arr.map(x => List(x + 1)).collect()  //进行单个数据计算
    result.foreach(println)                         //打印结果
  }
}
```

请读者自行打印结果比较。

 RDD 中有很多相似的方法和粗略的计算方法，这里需要读者更加细心地去挖掘。

3.3.11 分组数据的 groupBy 方法

groupBy 方法是将传入的数据进行分组，其分组的依据是作为参数传入的计算方法。

groupBy 方法的程序代码如 3-15 所示。

代码位置：//SRC//C03// groupBy.scala

程序 3-15 groupBy 方法

```
import org.apache.spark.{SparkContext, SparkConf}

object groupBy{
  def main(args: Array[String]) {
    val conf = new SparkConf()                 //创建环境变量
    .setMaster("local")                        //设置本地化处理
    .setAppName("groupBy")                     //设定名称
    val sc = new SparkContext(conf)            //创建环境变量实例
    var arr = sc.parallelize(Array(1,2,3,4,5)) //创建数据集
    arr.groupBy(myFilter(_), 1)                //设置第一个分组
    arr.groupBy(myFilter2(_), 2)               //设置第二个分组
  }

  def myFilter(num: Int): Unit = {             //自定义方法
    num >=3                                     //条件
  }
  def myFilter2(num: Int): Unit = {            //自定义方法
    num <3                                      //条件
  }
}
```

在程序 3-15 中，笔者采用了两个自定义的方法，即 myFilter 和 myFilter2 作为分组条件。然后将分组条件的方法作为一个整体传入 groupBy 中。

groupBy 的第一个参数是传入的方法名，而第二个参数是分组的标签值。具体打印结果请读者自行完成。

3.3.12 生成键值对的 keyBy 方法

keyBy 方法是为数据集中的每个个体数据增加一个 key，从而可以与原来的个体数据形成键值对。keyBy 方法程序代码如 3-16 所示。

代码位置：//SRC//C03// keyBy.scala

程序 3-16 keyBy 方法

```
import org.apache.spark.{SparkContext, SparkConf}

object keyBy{
  def main(args: Array[String]) {
```

```
    val conf = new SparkConf()          //创建环境变量
    .setMaster("local")                  //设置本地化处理
    .setAppName("keyBy")                //设定名称
    val sc = new SparkContext(conf)     //创建环境变量实例
    //创建数据集
    var str = sc.parallelize(Array("one","two","three","four","five"))
    val str2 = str.keyBy(word => word.size)   //设置配置方法
    str2.foreach(println)                    //打印结果
  }
}
```

最终打印结果如下：

```
(3,one)(3,two)(5,three)(4,four)(4,five)
```

这里可以很明显地看出，每个数据（单词）与自己的字符长度形成一个数字键值对。

3.3.13　同时对两个数据进行处理的 reduce 方法

reduce 方法是 RDD 中一个较为重要的数据处理方法，与 map 方法不同之处在于，它在处理数据时需要两个参数。reduce 方法演示如程序 3-17 所示。

代码位置：//SRC//C03// testReduce.scala

程序 3-17　reduce 方法

```
import org.apache.spark.{SparkContext, SparkConf}

object testReduce {
  def main(args: Array[String]) {
    val conf = new SparkConf()              //创建环境变量
    .setMaster("local")                      //设置本地化处理
    .setAppName("testReduce")               //设定名称
    val sc = new SparkContext(conf)         //创建环境变量实例
    var str = sc.parallelize(Array("one","two","three","four","five"))//创建
数据集
    val result = str.reduce(_ + _)          //进行数据拟合
    result.foreach(print)                   //打印数据结果
  }
}
```

打印结果如下：

```
onetwothreefourfive
```

从结果上可以看到，reduce 方法主要是对传入的数据进行合并处理。它的两个下划线分别代表不同的内容，第一个下划线代表数据集的第一个数据，而第二个下划线在第一次合并处理时代表空集，即以下方式进行：

```
null + one ->  one + two -> onetwo + three -> onetwothree + four -> onetwothreefour
+ five
```

除此之外，reduce 方法还可以传入一个已定义的方法作为数据处理方法，程序 3-18 中演示了一种寻找最长字符串的一段代码。

代码位置：//SRC//C03// testReduce2.scala

程序 3-18　寻找最长字符串

```scala
import org.apache.spark.{SparkContext, SparkConf}

object testRDDMethod {
  def main(args: Array[String]) {
    val conf = new SparkConf()                              //创建环境变量
    .setMaster("local")                      //设置本地化处理
    .setAppName("testReduce2")               //设定名称
    val sc = new SparkContext(conf)          //创建环境变量实例
    //创建数据集
    var str = sc.parallelize(Array("one","two","three","four","five"))
    val result = str.reduce(myFun)           //进行数据拟合
    result.foreach(print)                    //打印结果
  }

  def myFun(str1:String,str2:String):String = {  //创建方法
    var str = str1                           //设置确定方法
    if(str2.size >= str.size){                       //比较长度
      str = str2                             //替换
    }
    return str                               //返回最长的那个字符串
  }
}
```

3.3.14　对数据进行重新排序的 sortBy 方法

sortBy 方法也是一个常用的排序方法，其主要功能是对已有的 RDD 重新排序，并将重新排序后的数据生成一个新的 RDD，其源码如下：

```
sortBy[K](f: (T) ⇒ K, ascending: Boolean = true, numPartitions: Int =
this.partitions.size)
```

从源码上可以看到，sortBy 方法主要有 3 个参数，第一个为传入方法，用以计算排序的数据。第二个是指定排序的值按升序还是降序显示。第三个是分片的数量。程序 3-19 中演示了分别根据不同的数据排序方法对数据集进行排序的代码。

代码位置：//SRC//C03// sortBy.scala

程序 3-19   sortBy 方法

```
import org.apache.spark.{SparkContext, SparkConf}

object sortBy {
  def main(args: Array[String]) {
    val conf = new SparkConf()               //创建环境变量
    .setMaster("local")                      //设置本地化处理
    .setAppName("sortBy")                    //设定名称
    val sc = new SparkContext(conf)          //创建环境变量实例
    //创建数据集
    var str =
sc.parallelize(Array((5,"b"),(6,"a"),(1,"f"),(3,"d"),(4,"c"),(2,"e")))
    str = str.sortBy(word => word._1,true)            //按第一个数据排序
    val str2 = str.sortBy(word => word._2,true) //按第二个数据排序
    str.foreach(print)                       //打印输出结果
    str2.foreach(print)                      //打印输出结果
  }
}
```

从程序 3-19 可以看到，在程序的排序部分，分别使用了按元组第一个字符排序和按第二个字符排序的方法。这里需要说明的是，"._1"的格式是元组中数据符号的表示方法，意思是使用当前元组中第一个数据，同样的表示，"._2"是使用元组中第二个数据。

最终显示结果如下：

```
(1,f)(2,e)(3,d)(4,c)(5,b)(6,a)             //第一个输出结果
(6,a)(5,b)(4,c)(3,d)(2,e)(1,f)             //第二个输出结果
```

从结果可以很清楚地看到，第一个输出结果以数字为顺序进行排序，第二个输出结果以字母为顺序进行排序。

请读者尝试更改第二个 sortBy 中第二个布尔参数进行排序。

3.3.15   合并压缩的 zip 方法

zip 方法是常用的合并压缩算法，它可以将若干个 RDD 压缩成一个新的 RDD，进而形成一系列的键值对存储形式的新 RDD。具体程序见 3-20。

代码位置：//SRC//C03// testZip.scala

程序 3-20   zip 方法

```
import org.apache.spark.{SparkContext, SparkConf}

object testZip{
  def main(args: Array[String]) {
```

```
    val conf = new SparkConf()              //创建环境变量
    .setMaster("local")                     //设置本地化处理
    .setAppName("testZip")                  //设定名称
    val sc = new SparkContext(conf)         //创建环境变量实例
    val arr1 = Array(1,2,3,4,5,6)           //创建数据集1
    val arr2 = Array("a","b","c","d","e","f") //创建数据集2
    val arr3 = Array("g","h","i","j","k","l") //创建数据集3
    val arr4 = arr1.zip(arr2).zip(arr3)     //进行压缩算法
    arr4.foreach(print)                     //打印结果
  }
}
```

最终结果如下：

```
((1,a),g)((2,b),h)((3,c),i)((4,d),j)((5,e),k)((6,f),l)
```

从结果可以看到，这里数据被压缩成一个双重的键值对形式的数据。

3.4　小结

RDD 是 Spark 的基础也是最重要的核心，掌握了其 API 基本方法能够帮助广大的程序设计人员更好地设计出符合自己需求的算法和程序。

本章带领大家掌握了 RDD 的基本工作原理和特性，介绍了 RDD 的好处和不足之处，这些都是读者在使用中需要注意的地方。

3.3 节向读者演示了 RDD 中最基本的 API 用法，其中有属于 Transformation 以及 Action 的 API。这些 API 所处地位不同，用法也千差万别。但是限于篇幅的关系，这里笔者只介绍了最基本的一些 API，读者可以在实践中参考官方文档学习并掌握更多的方法。

本章的内容可能有些枯燥但又是必须的，读者在后续的学习中随着使用的增多会更加深入地掌握这些内容。

第 4 章
◀ MLlib基本概念 ▶

在介绍完 Spark 基本组成部分与功能后，读者应该能够理解为什么笔者将 Spark 比喻成一个运行在分布式存储系统中的数据集合了。

从这一章开始，我们将接触到 MLlib 的使用，学习 MLlib 的基本数据类型的种类与用法，同时也将学习如何组合利用这些基本数据类型去进行一些统计量的计算，这是数据分析和挖掘的基本内容。

本章主要知识点：

- MLlib 基本数据类型
- MLlib 的一些基本概念
- 统计量的一些计算

4.1 MLlib 基本数据类型

RDD 是 MLlib 专用的数据格式，它参考了 Scala 函数式编程思想，并大胆引入统计分析概念，将存储数据转化成向量和矩阵的形式进行存储和计算，这样将数据定量化表示，能更准确地整理和分析结果。本节将研究介绍这些基本的数据类型和使用方法。

4.1.1 多种数据类型

MLlib 先天就支持较多的数据格式，从最基本的 Spark 数据集 RDD 到部署在集群中的向量和矩阵。同样，MLlib 还支持部署在本地计算机中的本地化格式。表 4-1 给出了 MLlib 支持的数据类型。

表 4-1 MLlib 基本数据类型

类型名称	释 义
Local vector	本地向量集。主要向 Spark 提供一组可进行操作的数据集合
Labeled point	向量标签。让用户能够分类不同的数据集合
Local matrix	本地矩阵。将数据集合以矩阵形式存储在本地计算机中
Distributed matrix	分布式矩阵。将数据集合以矩阵形式存储在分布式计算机中

以上就是 MLlib 支持的数据类型，其中分布式矩阵根据不同的作用和应用场景，又分为四种不同的类型（在 4.1.5 小节介绍）。下面笔者将带领大家对每个数据类型进行分析。

4.1.2　从本地向量集起步

MLlib 使用的本地化存储类型是向量，这里的向量主要由两类构成：稀疏型数据集（spares）和密集型数据集（dense）。为了便于读者理解它们的区别，这里笔者举一个例子。例如一个向量数据(9,5,2,7)，按密集型数据格式可以被设定成(9,5,2,7)进行存储，数据集被作为一个集合的形式整体存储。而对于稀疏型数据，可以按向量的大小存储为(4，Array(0,1,2,3)，Array(9,5,2,7))。这个例子的代码如 4-1 所示。

代码位置：//SRC//C04//testVector.scala

程序 4-1　本地向量集

```
import org.apache.spark.mllib.linalg.{Vector, Vectors}

object testVector {
  def main(args: Array[String]) {
    val vd: Vector = Vectors.dense(2, 0, 6)      //建立密集向量
    println(vd(2))                              //打印稀疏向量第3个值
    //建立稀疏向量
    val vs: Vector = Vectors.sparse(4, Array(0,1,2,3), Array(9,5,2,7))
    println(vs(2))                              //打印稀疏向量第3个值
  }
}
```

打印输出结果为：

```
6.0
5.0
```

dense 方法不需要多做解释，可以将其理解为 MLlib 专用的一种集合形式，它与 Array 类似，最终显示结果和方法调用也类似。

而 spare 方法是将给定的数据 Array 数据(9,5,2,7)分解成 4 个部分进行处理，其对应值分别属于程序中 vs 的向量对应值。首先来看第一个参数 4，这里 4 代表输入数据的大小，一般要求大于等于输入的数据值；而第三个参数 Array(9,5,2,7)是输入的数据值，这里一般要求将其作为一个 Array 类型的数据进行输入；第二个参数 Array(0,1,2,3)则是数据 vs 下标的数值。这里严格要求按序增加的方法增加数据。

这里鼓励读者可以多试试修改参数的方法尝试验证代码，例如将第二个参数不按序增加或者修改第一个参数大小。

细心的读者可能已经注意到，笔者在举例的时候使用了整型数据，而打印输出的是浮点型数据，那么能不能使用字符型处理，例如将程序 4-1 中的 vd 改成如下类型：

```
val vd: Vector = Vectors.dense(1, 0, 3)
```

结果是报错。

因为在 MLlib 的数据支持格式中，目前仅支持整数与浮点型数。其他类型的数据类型均不在支持范围之内，这也与 MLlib 的主要用途有关，其目的是用于数值计算。

4.1.3 向量标签的使用

向量标签用于对 MLlib 中机器学习算法的不同值做标记。例如分类问题中，可以将不同的数据集分成若干份，以整型数 0、1、2……进行标记，即程序的编写者可以根据自己的需要对数据进行标记。这里读者可能急于知道这些标签的更多作用，具体内容我们在后续的机器学习部分会有更深一步的讲述，这里只需要知道其用法即可。标签的具体用法如程序 4-2 所示。

代码位置：//SRC//C04//testLabeledPoint.scala

程序 4-2 标签的具体用法

```scala
import org.apache.spark.mllib.linalg.{Vector, Vectors}
import org.apache.spark.mllib.regression.LabeledPoint

object testLabeledPoint {
  def main(args: Array[String]) {
    val vd: Vector = Vectors.dense(2, 0, 6)       //建立密集向量
    val pos = LabeledPoint(1, vd)                 //对密集向量建立标记点
    println(pos.features)                         //打印标记点内容数据
    println(pos.label)                            //打印既定标记
    val vs: Vector = Vectors.sparse(4, Array(0,1,2,3), Array(9,5,2,7)) //建立
稀疏向量
    val neg = LabeledPoint(2, vs)                 //对稀疏向量建立标记点
    println(neg.features)                         //打印标记点内容数据
    println(neg.label)                            //打印既定标记
  }
}
```

打印结果如下：

```
[2.0,0.0,6.0]
1.0
```

```
(4,[0,1,2,3],[9.0,5.0,2.0,7.0])
2.0
```

从程序 4-2 的打印结果可以看出，LabeledPoint 是建立向量标签的静态类，主要有两个方法，Features 用于显示打印标记点所代表的数据内容，而 Label 用于显示标记数。

除了使用以上两种方法建立向量标签，MLlib 还支持直接从数据库中获取固定格式的数据集方法。其数据格式如下：

```
label  index1:value1 index2:value2 ...
```

这里笔者详细地解释一下。label 是此数据集中每一行给定的标签，而后的 index 是标签所标注的这一行中的不同的索引值，而紧跟在各自 index 后的 value 是不同索引所形成的数据值。具体例子如下：

数据位置：//DATA//D04//loadLibSVMFile.txt

```
1 0:2 1:3 2:4
2 0:5 1:8 2:9
1 0:7 1:6 2:7
1 0:3 1:2 2:1
```

使用方法是，可以将如上数据复制到一个自定义的数据文件中，之后调用 MLUtils.loadLibSVMFile 方法对数据进行读取。具体的使用方法如程序 4-3 所示。

数据位置：//DATA//D04//loadLibSVMFile.txt
代码位置：//SRC//C04//testLabeledPoint2.scala

程序 4-3　调用 MLUtils.loadLibSVMFile 方法

```scala
import org.apache.spark.mllib.linalg.{Vector, Vectors}
import org.apache.spark.mllib.regression.LabeledPoint
import org.apache.spark._
import org.apache.spark.mllib.util.MLUtils

object testLabeledPoint2 {
  def main(args: Array[String]) {
    val conf = new SparkConf()          //建立本地环境变量
    .setMaster("local")                 //设置本地化处理
    .setAppName("testLabeledPoint2")    //创建名称
    val sc = new SparkContext(conf)     //建立 Spark 处理

    val mu = MLUtils.loadLibSVMFile(sc, "c:// loadLibSVMFile.txt") //从 C 路径
盘读取文件
    mu.foreach(println)                 //打印内容
  }
}
```

打印结果如下：

```
(1.0,(3,[0,1,2],[2.0,3.0,3.0]))
(2.0,(3,[0,1,2],[5.0,8.0,9.0]))
(1.0,(3,[0,1,2],[7.0,6.0,7.0]))
(1.0,(3,[0,1,2],[3.0,2.0,1.0]))
```

根据打印结果，可以很明显地看出，loadLibSVMFile 方法将数据分解成一个稀疏向量进行下一步的操作。

这里笔者额外说明一下。在本书第一版中有读者反映数据集无法使用，笔者使用 Window 自带的文本文档创建数据集后也发生 NumberFormatException，提示转换错误，但是在更换 NOTEPAD++后创建相同的数据集并使用默认的格式保持为 txt 文件，问题得以解决。

因此有遇到问题的读者请使用 NOTEPAD++解决此问题。

 MLUtils.loadLibSVMFile 数据集标记的 index 是从 1 开始，读者可以试试从 0 开始。

4.1.4　本地矩阵的使用

大数据运算中，为了更好地提升计算效率，可以更多地使用矩阵运算进行数据处理。部署在单机中的本地矩阵就是一个很好的存储方法。

举一个简单的例子，例如一个数组 Array（1,2,3,4,5,6），将其分为 2 行 3 列的矩阵，可用如下程序 4-4 进行处理。

代码位置：//SRC//C04//testMatrix.scala

程序 4-4　本地矩阵

```
import org.apache.spark.mllib.linalg.{Matrix, Matrices}

object testMatrix {
  def main(args: Array[String]) {
    val mx = Matrices.dense(2, 3, Array(1,2,3,4,5,6))//创建一个分布式矩阵
    println(mx)                                     //打印结果
  }
}
```

打印结果如下：

```
1.0 3.0 5.0
2.0 4.0 6.0
```

从结果来看，数组 Array（1,2,3,4,5,6）被重组成一个新的 2 行 3 列的矩阵。Matrices.dense 方法是矩阵重组的调用方法，第一个参数是新矩阵行数，第二个参数是新矩阵的列数，第三个参数为传入的数据值。

4.1.5　分布式矩阵的使用

一般来说，采用分布式矩阵进行存储的情况都是数据量非常大的，其处理速度和效率与其存储格式息息相关。MLlib 提供了四种分布式矩阵存储形式，均由支持长整形的行列数和双精度浮点型的数据内容构成。这四种矩阵分别为：行矩阵、带有行索引的行矩阵、坐标矩阵和块矩阵，这里我们只介绍最常用的前三种。

1. 行矩阵

行矩阵是最基本的一种矩阵类型。行矩阵是以行作为基本方向的矩阵存储格式，列的作用相对较小。可以将其理解为行矩阵是一个巨大的特征向量的集合。每一行就是一个具有相同格式的向量数据，且每一行的向量内容都可以单独取出来进行操作。行矩阵的具体实例可参看程序 4-5。

代码位置：//SRC//C04//testRowMatrix.scala

程序 4-5　行矩阵

```
import org.apache.spark._
import org.apache.spark.mllib.linalg.{Vector, Vectors}
import org.apache.spark.mllib.linalg.distributed.RowMatrix

object testRowMatrix {
  def main(args: Array[String]) {
    val conf = new SparkConf()                    //创建环境变量
    .setMaster("local")                           //设置本地化处理
    .setAppName("testRowMatrix")                  //设定名称
    val sc = new SparkContext(conf)               //创建环境变量实例
    val rdd = sc.textFile("c://RowMatrix.txt")        //创建 RDD 文件路径
    .map(_.split(' ')                             //按" "分割
    .map(_.toDouble))                             //转成 Double 类型
    .map(line => Vectors.dense(line))             //转成 Vector 格式
    val rm = new RowMatrix(rdd)            //读入行矩阵
    println(rm.numRows())                 //打印行数
    println(rm.numCols())                 //打印列数
  }
}
```

在程序 4-5 中，在 C 盘建立一个名为 RowMatrix.txt 的文本格式文件，其值如下：

数据位置：//DATA//D04//RowMatrix.txt

```
1 2 3
4 5 6
```

这是一个 2 行 3 列的矩阵，读者可以将其保存在 C 盘目录下 RowMatrix.txt 文件中。程序运行结果打印如下：

```
2
3
```

 读者可以尝试打印 rm 中具体内容，最终结果显示是数据的内存地址。这表明 RowMatrix 在 MLlib 中仍旧只是一个 Transformation，并不是最终运行结果。此外 RowMatrix 还有多种矩阵运行方法和统计数据，读者可以做更多的尝试。

2. 带有行索引的行矩阵

从程序 4-5 可以看到，单纯的行矩阵对其内容无法进行直接显示，当然可以通过调用其方法显示内部数据内容。有时候，为了方便在系统调试的过程中对行矩阵的内容进行观察和显示，MLlib 提供了另外一个矩阵形式，即带有行索引的行矩阵。

带有行索引的行矩阵代码如程序 4-6 所示。文件准备与程序 4-5 相同。

代码位置：//SRC//C04//testIndexedRowMatrix.scala

程序 4-6　带有行索引的行矩阵

```scala
import org.apache.spark._
import org.apache.spark.mllib.linalg.distributed.{IndexedRow,    RowMatrix,
IndexedRowMatrix}
import org.apache.spark.mllib.linalg.{Vector, Vectors}

object testIndexedRowMatrix {
  def main(args: Array[String]) {
    val conf = new SparkConf()                      //创建环境变量
    .setMaster("local")                             //设置本地化处理
    setAppName("testIndexedRowMatrix")              //设定名称
    val sc = new SparkContext(conf)                 //创建环境变量实例
    val rdd = sc.textFile("c://loadLibSVMFile.txt")         //创建 RDD 文件路径
    .map(_.split(' ')                               //按" "分割
    .map(_.toDouble))                               //转成 Double 类型
    .map(line => Vectors.dense(line))               //转化成向量存储
    .map((vd) => new IndexedRow(vd.size,vd))        //转化格式
    val irm = new IndexedRowMatrix(rdd)             //建立索引行矩阵实例
    println(irm.getClass)                           //打印类型
    println(irm.rows.foreach(println))              //打印内容数据
  }
}
```

打印结果如下：

```
class org.apache.spark.mllib.linalg.distributed.IndexedRowMatrix
IndexedRow(3,[1.0,2.0,3.0])
```

```
IndexedRow(3,[4.0,5.0,6.0])
```

第一行显示的 IndexedRowMatrix 实例化后的类型，第二行和第三行显示的是矩阵在计算机中存储的具体内容。

除此之外，IndexedRowMatrix 还有转换成其他矩阵的功能，例如 toRowMatrix 将其转化成单纯的行矩阵，toCoordinateMatrix 将其转化成坐标矩阵，toBlockMatrix 将其转化成块矩阵。本节主要介绍第一种坐标矩阵，块矩阵应用较少，这里就不做介绍。

3. 坐标矩阵

从名称上看，坐标矩阵是一种带有坐标标记的矩阵。事实上也是如此，其中的每一个具体数据都有一组坐标进行标示，其类型格式如下：

```
(x: Long, y: Long, value: Double)
```

从格式上看，x 和 y 分别代表标示坐标的坐标轴标号，value 是具体内容。x 是行坐标，y是列坐标。坐标矩阵一般用于数据比较多且数据较为分散的情形，即矩阵中含 0 或者某个具体值较多的情况下。

坐标矩阵的用法如程序 4-7 所示。

代码位置：//SRC//C04// testCoordinateRowMatrix.scala

程序 4-7　坐标矩阵

```
import org.apache.spark._
import org.apache.spark.mllib.linalg.{Vector, Vectors}
import org.apache.spark.mllib.linalg.distributed.{CoordinateMatrix,
MatrixEntry}

object testCoordinateRowMatrix {
  def main(args: Array[String]) {
    val conf = new SparkConf()                        //创建环境变量
    .setMaster("local")                               //设置本地化处理
    .setAppName("testCoordinateRowMatrix ") //设定名称
    val sc = new SparkContext(conf)                   //创建环境变量实例
    val rdd = sc.textFile("c://loadLibSVMFile.txt")          //创建 RDD 文件路径
    .map(_.split(' ')                                 //按" "分割
    .map(_.toDouble))                                 //转成 Double 类型
    .map(vue => (vue(0).toLong,vue(1).toLong,vue(2))) //转化成坐标格式
    .map(vue2 => new MatrixEntry(vue2 _1,vue2 _2,vue2 _3))     //转化成坐标矩阵格
式
    val crm = new CoordinateMatrix(rdd)        //实例化坐标矩阵
    println(crm.entries.foreach(println))            //打印数据
  }
}
```

这里需要提示的 RDD 语句中最后一句，_1 和_2 这里是 Scala 语句中元组参数的序数专用标号，下划线前面有空格，告诉 MLlib 这里分别是传入的第二个和第三个值。最终打印结果如下：

```
MatrixEntry(1,2,3.0)
MatrixEntry(4,5,6.0)
```

从打印结果看，数据已经成功导入到坐标矩阵中，等待下一步处理。同样需要提示的是，这里直接打印 CoordinateMatrix 实例的对象也仅仅是内存地址。

 从功能参数上看，这三个分布式矩阵依次增加，其功能也更加丰富。如果将其设为一二三级的话，高级可以向低级转换。这里建议读者多试试它们之间的相互转换，分别打印结果看看区别。

4.2 MLlib 数理统计基本概念

数理统计是伴随着概率论的发展而发展起来的一个数学分支，它研究如何有效地收集、整理和分析受随机因素影响的数据，并对所考虑的问题做出推断或预测，为采取某种决策和行动提供依据或建议。

MLlib 中提供了一些基本的数理统计方法，帮助用户更好地对结果进行处理和计算。目前 MLlib 数理统计的方法只包括一些基本的内容，相信在后续的更新中会补充更多的、可用在分布式框架中的数理统计量。

4.2.1 基本统计量

数理统计中，基本统计量包括数据的平均值、方差，这是一组求数据统计量的基本内容。在 MLlib 中，统计量的计算主要用到 Statistics 类库，它主要包括表 4-2 所示的内容。

表 4-2　MLlib 基本统计量介绍

类型名称	释 义
colStats	以列为基础计算统计量的基本数据
chiSqTest	对数据集内的数据进行皮尔逊距离计算，根据参量的不同，返回值格式有差异
corr	对两个数据集进行相关系数计算，根据参量的不同，返回值格式有差异

从表 4-2 中可以看到，Statistics 类中不同的方法代表不同的统计量的求法，下面根据不同的内容分别加以介绍。

4.2.2　统计量基本数据

colStats 是 Statistics 类计算基本统计量的方法，这里需要注意的是，其工作和计算是以列为基础进行计算，调用不同的方法可以获得不同的统计量值，其方法内容如表 4-3 所示。

表 4-3　MLlib 中统计量基本数据

方法名称	释　义
count	行内数据个数
Max	最大数值单位
Mean	最小数值单位
normL1	欧几里得距离
normL2	曼哈顿距离
numNonzeros	不包含 0 值的个数
variance	标准差

在这里需要求数据的均值和标准差，首先在 C 盘建立名为 testSummary.txt 的文本文件，加入如下一组数据：

```
1
2
3
4
5
```

程序代码如程序 4-8 所示。

代码位置：//SRC//C04// testSummary.scala

程序 4-8　求数据的均值和标准差

```
object testSummary{
 def main(args: Array[String]) {
  val conf = new SparkConf()             //创建环境变量
  .setMaster("local")                    //设置本地化处理
  .setAppName("testSummary")             //设定名称
  val sc = new SparkContext(conf)        //创建环境变量实例
  val rdd = sc.textFile("c://testSummary.txt")        //创建 RDD 文件路径
   .map(_.split(' ')                     //按" "分割
   .map(_.toDouble))                     //转成 Double 类型
   .map(line => Vectors.dense(line))     //转成 Vector 格式
  val summary = Statistics.colStats(rdd)    //获取 Statistics 实例
  println(summary.mean)                  //计算均值
  println(summary.variance)              //计算标准差
 }
}
```

程序结果如下：

```
[3.0]
[2.5]
```

从结果可以看到 summary 的实例将列数据的内容计算并存储，供下一步的数据分析使用。

4.2.3　距离计算

除了一些基本统计量的计算，读者可能注意到，此方法中还包括两种距离的计算，分别是 normL1 和 normL2，代表着欧几里得距离和曼哈段距离。这两种距离主要是用以表达数据集内部数据长度的常用算法。

欧几里得距离是一个常用的距离定义，指在 m 维空间中两个点之间的真实距离，或者向量的自然长度（即该点到原点的距离）。其一般公式如下：

$$x = \sqrt{x_1^2 + x_2^2 + x_3^2 + ... + x_n^2}$$

曼哈段距离用来标明两个点在标准坐标系上的绝对轴距总和。其公式如下：

$$x = x_1 + x_2 + x_3 + ... + x_n$$

因此根据上述两个公式，分别计算欧几里得距离和曼哈段距离。

曼哈段距离根据计算可得：

$$normL1 = 1 + 2 + 3 + 4 + 5 = 15$$

而欧几里得距离根据计算可得：

$$normL2 = \sqrt{1^2 + 2^2 + 3^3 + 4^2 + 5^5} \approx 7.416$$

以上是距离的理论算法，实际代码如程序 4-9 所示。

代码位置：//SRC//C04//testSummary2.scala

程序 4-9　距离的算法

```
object testSummary{
  def main(args: Array[String]) {
    val conf = new SparkConf()                        //创建环境变量
    .setMaster("local")                               //设置本地化处理
    .setAppName("testSummary2")                       //设定名称
    val sc = new SparkContext(conf)       //创建环境变量实例
    val rdd = sc.textFile("c://testSummary.txt")           //创建 RDD 文件路径
    .map(_.split(' ')                                 //按" "分割
    .map(_.toDouble))                                 //转成 Double 类型
    .map(line => Vectors.dense(line))         //转成 Vector 格式
    val summary = Statistics.colStats(rdd)   //获取 Statistics 实例
```

```
    println(summary.normL1)              //计算曼哈段距离
    println(summary.normL2)              //计算欧几里得距离
  }
}
```

打印结果如下：

```
[15.0]
[7.416198487095663]
```

4.2.4　两组数据相关系数计算

反映两变量间线性相关关系的统计指标称为相关系数。相关系数是一种用来反映变量之间相关关系密切程度的统计指标,在现实中一般用于对两组数据的拟合和相似程度进行定量化分析。常用的一般是皮尔逊相关系数,MLlib 中默认的相关系数求法也是使用皮尔逊相关系数法。斯皮尔曼相关系数用得比较少,但是其能够较好地反映不同数据集的趋势程度,因此在实际应用中还是有其应用空间的。

皮尔逊相关系数计算公式如下：

$$\rho_{xy} = \frac{\sum (x - \bar{x})(y - \bar{y})}{\sqrt{\sum (x - \bar{x})^2 \sum (y - \bar{y})^2}}$$

ρ_{xy} 就是相关系数值,这里讲得更加深奥一点,皮尔逊相关系数按照线性数学的角度来理解,它比较复杂一点,可以看作是两组数据的向量夹角的余弦,用来描述两组数据的分开程度。

皮尔森相关系数算法也在 Statistics 包中,具体使用如程序 4-10 所示。

代码位置：//SRC//C04//testCorrect.scala

程序 4-10　皮尔逊相关系数

```
import org.apache.spark.mllib.linalg.Vectors
import org.apache.spark.mllib.stat.Statistics
import org.apache.spark.{SparkConf, SparkContext}

object testCorrect {
  def main(args: Array[String]) {
    val conf = new SparkConf()              //创建环境变量
    .setMaster("local")                     //设置本地化处理
    .setAppName("testCorrect ")             //设定名称
    val sc = new SparkContext(conf          //创建环境变量实例
    val rddX = sc.textFile("c://testCorrectX.txt")    //读取数据
        .flatMap(_.split(' ')               //进行分割
        .map(_.toDouble))                   //转化为 Double 类型
    val rddY = sc.textFile("c://testCorrectY.txt")    //读取数据
```

```
        .flatMap(_.split(' ')                    //进行分割
        .map(_.toDouble))                         //转化为 Double 类型
      val correlation: Double = Statistics.corr(rddX, rddY) //计算不同数据之间的相
关系数
      println(correlation)                        //打印结果
    }
  }
```

在程序 4-10 中，先在 C 盘下建立不同的数据集合，testCorrectX.txt 和 testCorrectY.txt 作为示例数据，内容如下：

```
1 2 3 4 5
2 4 6 8 10
```

这个是两组不同的数据值，根据皮尔逊相关系数计算法，最终计算结果如下：

```
0.99
```

而对于斯皮尔曼相关系数的计算，其计算公式如下：

$$\rho_{xy} = 1 - \frac{6\sum (x_i - y_i)^2}{n(n^2 - 1)}$$

n 为数据个数。

同样地，ρ_{xy} 就是相关系数值，其使用方法就是在程序中向 corr 方法显性地标注使用斯皮尔曼相关系数，程序代码如程序 4-11 所示。

代码位置：//SRC//C04// wordCount.scala

程序 4-11　斯皮尔曼相关系数

```
import org.apache.spark.mllib.linalg.Vectors
import org.apache.spark.mllib.stat.Statistics
import org.apache.spark.{SparkConf, SparkContext}

object testCorrect2 {
  def main(args: Array[String]) {
    val conf = new SparkConf()                      //创建环境变量
    .setMaster("local")                             //设置本地化处理
    .setAppName("testCorrect2 ")                    //设定名称
    val sc = new SparkContext(conf)                 //创建环境变量实例
    val rddX = sc.textFile("c://testCorrectX.txt")      //读取数据
      .flatMap(_.split(' ')                         //进行分割
      .map(_.toDouble))                             //转化为 Double 类型
    val rddY = sc.textFile("c://testCorrectY.txt")      //读取数据
      .flatMap(_.split(' ')                         //进行分割
      .map(_.toDouble))                             //转化为 Double 类型
    val correlation: Double = Statistics.corr(rddX, rddY, " spearman ")  //使
```

用斯皮尔曼计算不同数据之间的相关系数
```
    println(correlation)                    //打印结果
  }
}
```

从程序实例中可以看到，向 corr 方法显性地标注了使用斯皮尔曼相关系数，具体结果请读者自行计算。

> 需要牢记，不同的相关系数有不同的代表意义。皮尔逊相关系数代表两组数据的余弦分开程度，表示随着数据量的增加，两组数据差别将增大。而斯皮尔曼相关系数更注重两组数据的拟合程度，即两组数据随数据量增加而增长曲线不变。

与计算两组数据相关系数不同，单个数据集相关系数的计算首先要将数据转化成本地向量，之后再进行计算。程序代码如程序 4-12 所示。

代码位置：//SRC//C04//testSingleCorrect.scala

程序 4-12　单个数据集相关系数的计算

```scala
import org.apache.spark.mllib.linalg.Vectors
import org.apache.spark.mllib.stat.Statistics
import org.apache.spark.{SparkConf, SparkContext}

object testSingleCorrect {
  def main(args: Array[String]) {
    val conf = new SparkConf()                //创建环境变量
    .setMaster("local")                       //设置本地化处理
    .setAppName("testSingleCorrect ")          //设定名称
    val sc = new SparkContext(conf)           //创建环境变量实例
    val rdd = sc.textFile("c://testCorrectX.txt")            //读取数据文件
    .map(_.split(' ')                         //切割数据
    .map(_.toDouble))                         //转化为 Double 类型
    .map(line => Vectors.dense(line))  //转为向量
    println(Statistics.corr(rdd,"spearman"))       //使用斯皮尔曼计算相关系数
  }
}
```

最终结果请读者自行验证。

4.2.5　分层抽样

分层抽样是一种数据提取算法，先将总体的单位按某种特征分为若干次级总体（层），然后再从每一层内进行单纯随机抽样，组成一个样本的统计学计算方法。这种方法以前常常用于数据量比较大，计算处理非常不方便进行的情况下。

一般地，在抽样时，将总体分成互不交叉的层，然后按一定的比例，从各层次独立地抽取一定数量的个体，将各层次取出的个体合在一起作为样本，这种抽样方法是一种分层抽样。

在 MLlib 中，使用 Map 作为分层抽样的数据标记。一般情况下，Map 的构成是[key,value]格式，key 作为数据组，而 value 作为数据标签进行处理。

举例来说，一组数据中有成年人和小孩，可以将其根据年龄进行分组，将每个字符串中含有 3 个字符的标记为 1，而每个字符串中含有 2 个字符的标记为 2，再根据其数目进行分组。数据内容如下：

数据位置：//DATA//D04// testStratifiedSampling.txt

```
aa
bb
aaa
bbb
ccc
```

具体例子如程序 4-13 所示。

代码位置：//SRC//C04//testStratifiedSampling2.scala

程序 4-13 分层抽样

```
object testStratifiedSampling2 {
  def main(args: Array[String]) {
    val conf = new SparkConf()                        //创建环境变量
    .setMaster("local")                               //设置本地化处理
    .setAppName("testStratifiedSampling2 ")           //设定名称
    val sc = new SparkContext(conf)         //创建环境变量实例
    val data = sc.textFile("c://testStratifiedSampling.txt")       //读取数据
      .map(row => {                        //开始处理
      if(row.length == 3)                       //判断字符数
        (row,1)                              //建立对应 map
      else (row,2)                            //建立对应 map
    })
    val fractions: Map[String, Double] = Map("aa" -> 2)  //设定抽样格式
    val approxSample = data.sampleByKey(withReplacement = false, fractions,0)
                          //计算抽样样本
    approxSample.foreach(println)              //打印结果
  }
}
```

根据传送进入的配置可以获得打印结果：

```
(aa,2)
```

4.2.6　假设检验

在前面介绍了几种验证方法，而对于数据结果的好坏，需要一个能够反映和检验结果正确与否的方法。

卡方检验是一种常用的假设检验方法，能够较好地对数据集之间的拟合度、相关性和独立性进行验证。MLlib 规定常用的卡方检验使用的数据集一般为向量和矩阵。

卡方检验在现实中使用较多，最早开始是用于抽查检测工厂合格品概率，在网站分析中一般用作转化率等指标的计算和衡量。

假设检验程序示例参看程序 4-14。

代码位置：//SRC//C04//testChiSq.scala

程序 4-14　假设检验

```scala
import org.apache.spark.mllib.linalg.{Matrices, Vectors}
import org.apache.spark.mllib.stat.Statistics

object testChiSq{
  def main(args: Array[String]) {
    val vd = Vectors.dense(1,2,3,4,5)                    //创建数据集
    val vdResult = Statistics.chiSqTest(vd)             //读取数据
    println(vdResult) //打印数据
    println("----------------------------")             //打印分隔符
    val mtx = Matrices.dense(3, 2, Array(1, 3, 5, 2, 4, 6)) //读取矩阵数据
    val mtxResult = Statistics.chiSqTest(mtx)            //转化数据
    println(mtxResult) //打印转化后矩阵数据集
  }
}
```

程序 4-14 中 vd 作为单向量，调用 MLlib 卡方检验对其进行处理，其后建立一个矩阵数据组对其进行处理。其打印结果如下：

```
Chi squared test summary:
method: pearson
degrees of freedom = 4
statistic = 3.333333333333333
pValue = 0.5036682742334986
No presumption against null hypothesis: observed follows the same distribution
as expected..
----------------------------
Chi squared test summary:
method: pearson
degrees of freedom = 2
statistic = 0.14141414141414144
pValue = 0.931734784568187
No presumption against null hypothesis: the occurrence of the outcomes is
statistically independent..
```

从结果上可以看到，假设检验的输出结果包含三个数据，分别为自由度、P 值以及统计量，其具体说明如表 4-4。

表 4-4　假设检验常用术语介绍

自由度	总体参数估计量中变量值独立自由变化的数目
统计量	不同方法下的统计量
P 值	显著性差异指标
方法	卡方检验使用方法

程序 4-14 中，卡方检验使用了皮尔逊计算法对数据集进行计算，得到最终结果 P 值，一般情况下，P<0.05 是指数据集不存在显著性差异。

 在这个例子中，为了举例方便而使用了较少的数据集，读者可以尝试建立更多的数据集对其进行计算。

4.2.7　随机数

随机数是统计分析中常用的一些数据文件，一般用来检验随机算法和执行效率等，在 Scala 和 Java 语言中提供了大量 API，以随机生成各种形式的随机数。RDD 也是如此，RandomRDDs 类是随机数生成类，其程序如程序 4-15 所示。

代码位置：//SRC//C04//testRandomRDD.scala

程序 4-15　随机数

```scala
import org.apache.spark.{SparkContext, SparkConf}
import org.apache.spark.mllib.random.RandomRDDs._

object testRandomRDD {
  def main(args: Array[String]) {
    val conf = new SparkConf()
      .setMaster("local")                   //设置本地环境变量
      .setAppName("testRandomRDD")          //设置名称
    val sc = new SparkContext(conf)          //读取本地环境变量
    val randomNum = normalRDD(sc, 100)       //创建100个随机数
    randomNum.foreach(println)               //打印数据
  }
}
```

这里 normalRDD 就是调用类，随机生成 100 个随机数。结果请读者自行打印调试。

4.3　小结

本章详细讲解了多个 MLlib 数据格式的范例和使用方法，包括本地向量、本地矩阵以及分布式矩阵的构建方法和实现，这些内容也为后续的数学分析提供支持。

此外，本章还介绍了 MLlib 中使用的基本数理统计的概念和方法，例如基本统计量、相关系数、假设检验等基本概念和求法。这同样也是后续内容的基础。

这些内容是 MLlib 数据挖掘和机器学习部分的基础，在后续的章节中，读者将学习到更多的相关知识。

第 5 章
◀ 协同过滤算法 ▶

本章将向读者介绍本书的第一个 MLlib 算法——协同过滤算法。协同过滤算法是最常用的推荐算法，其主要有两种具体形式：基于用户的推荐算法和基于物品的推荐算法。本章将向读者介绍这两种算法的原理和实现方法。

推荐算法的基础是基于两个对象之间的相关性。第 4 章已经介绍过欧几里得相似性的计算方法，这是一种使用较多的相似性计算方法。除此之外还有曼哈顿相似性和余弦相似性的计算方法，本章将实现基于余弦相似性的用户相似度计算。

ALS（alternating least squares）是交替最小二乘法的简称，也是 MLlib 的基础推荐算法，本文将介绍其基本原理和实例，实例部分将会给出 ALS 推荐算法的一个例子。

本章主要知识点：

- 协同过滤的概念
- 相似度度量
- 交替最小二乘法

5.1 协同过滤

本节将介绍协同过滤的算法。协同过滤算法又称为"集体计算"方法，其基本思想是利用人性的相似性进行相似比较。本节将介绍其原理和应用，可能读者在读本节时会感到一些"玄学"在里面，但是谁又能否认人和人是相似的呢？

5.1.1 协同过滤概述

协同过滤（Collaborative Filtering）算法是一种基于群体用户或者物品的典型推荐算法，也是目前常用的推荐算法中最常用和最经典的算法。可以这么说，协同过滤算法的确认就是标准推荐算法作为一种可行的机器推荐算法标准步入正轨。

协同过滤算法主要有两种：

- 一是通过考察具有相同爱好的用户对相同物品的评分标准进行计算；

● 二是考察具有相同特质的物品从而推荐给选择了某件物品的用户。

总体来说，协同过滤算法就是建立在基于某种物品和用户之间相互关联的数据关系之上，下面将向读者详细介绍这两种算法。

5.1.2　基于用户的推荐

对于基于用户相似性的推荐，用简单的一个词表述，那就是"志趣相投"。事实也是如此。

比如说你想去看一个电影，但是不知道这个电影是否符合你的口味，那怎么办呢？从网上找介绍和看预告短片固然是一个好办法，但是对于电影能否真实符合您的偏好却不能提供更加详细准确的信息。这时最好的办法可能就是这样：

小王：哥们，我想去看看这个电影，你不是看了吗，怎么样？

小张：不怎地，陪女朋友去看的，她看得津津有味，我看了一小半就玩手机去了。

小王：那最近有什么好看的电影吗？

小张：你去看《雷霆XX》吧，我看了不错，估计你也喜欢。

小王：好的。

这是一段日常生活中经常发生的对话，也是基于用户的协同过滤算法的基础。

小王和小张是好哥们。作为好哥们，其也应具有相同的爱好。那么在此基础上相互推荐自己喜爱的东西给对方那必然是合乎情理，有理由相信被推荐者也能够较好地享受到被推荐物品所带来的快乐和满足感。

图 5-1 向读者展示了基于用户的协同过滤算法的表现形式。

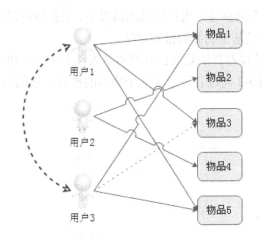

图 5-1　基于用户的协同过滤算法

从图上可以看到，想向用户 3 推荐一个商品，那么如何选择这个商品是一个很大的问题。在已有信息中，用户 3 已经选择了物品 1 和物品 5，用户 2 比较偏向于选择物品 2 和物品 4，而用户 1 选择了物品 1、物品 4 以及物品 5。

根据读者的理性思维，不用更多地分析可以看到，用户 1 和用户 3 在选择偏好上更加相似。那么完全有理由相信用户 1 和用户 3 都选择了相同的物品 1 和物品 5，那么将物品 3 向用户 3 推荐也是完全合理的。

这个就是基于用户的协同过滤算法做的推荐。用特定的计算方法扫描和指定目标相同的已有用户，根据给定的相似度对用户进行相似度计算，选择最高得分的用户并根据其已有的信息作为推荐结果从而反馈给用户。这种推荐算法在计算结果上较为简单易懂，具有很高的实践应用价值。

5.1.3 基于物品的推荐

在基于用户的推荐算法中，笔者用一个词形容了其原理。在基于物品的推荐算法中，同样可以使用一个词来形容整个算法的原理。那就是"物以类聚"。

首先请读者看下如下对话，这次小张想给他女朋友买个礼物。

小张：马上情人节快到了，我想给我女朋友买个礼物，但是不知道买什么，上次买了个赛车模型的差点被她骂死。

小王：哦？那你真是的，也不买点她喜欢的东西。她平时喜欢什么啊？

小张：她平时比较喜欢看动画片，特别是《机器猫》，没事就看几集。

小王：那我建议你给她买套机器猫的模型套装，绝对能让她喜欢。

小张：好主意，我试试。

从对话中可以感受到，小张想给自己的女朋友买个礼物从而向小王咨询。

对于不熟悉的用户，在缺少特定用户信息的情况下，根据用户已有的偏好数据去推荐一个未知物品是合理的。这就是基于物品的推荐算法。

顾名思义，基于物品的推荐算法是以已有的物品为线索去进行相似度计算从而推荐给特定的目标用户。同样地，图 5-2 向读者展示了基于物品的推荐算法的表现形式。

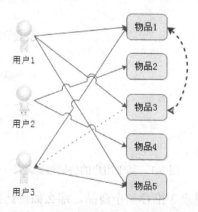

图 5-2　基于物品的协同过滤算法

从图中可以看到，这次同样是给用户 3 推荐一个物品，在不知道其他用户的情况下，通过计算或者标签的方式得出与已购买物品最相近的物品推荐给用户。这就是基于物品近似度的物品推荐算法。

 读者可以先试着自己动手写一个协同过滤算法。

5.1.4　协同过滤算法的不足

在实际应用中，基于用户的和基于物品的推荐算法均是最常用的协同过滤推荐算法。但是在某些场合下仍然具有不足之处。

首先是基于用户的推荐算法，针对某些热点物品的处理不够准确，对于一些常用的物品推荐，其计算结果往往排在推荐的首位，而这样的推荐却没有实际应用意义。同时基于用户的推荐算法，往往数据量较为庞大，计算费事，由于热点的存在准确度也很成问题。

基于物品的推荐算法相对于基于用户的推荐算法，其数据量小很多，可以较为容易地生成推荐值，但是其存在推荐同样（同类型）物品的问题。例如，用户购买了某件商品，那么推荐系统可能会继续推荐相同类型的商品给用户，用户在购买一件商品后绝对不会再购买同类型的商品，这样的推荐完全是失败的。

5.2 相似度度量

从上一节的内容介绍中可以看到，对于不同形式的协同过滤举证，最重要的部分是相似度的求得。如果不同的用户或者物品之间的相似度缺乏有效而可靠的算法定义，那么协同过滤算法就失去了成立的基础条件。

5.2.1　基于欧几里得距离的相似度计算

欧几里得距离（Euclidean distance）是最常用计算距离的公式，它表示三维空间中两个点的真实距离。

欧几里得相似度计算是一种基于用户之间直线距离的计算方式。在相似度计算中，不同的物品或者用户可以将其定义为不同的坐标点，而特定目标定位为坐标原点。使用欧几里得距离计算两个点之间的绝对距离，公式如下：

$$d = \sqrt{(x_1 - x_2)^2 + (y_1 - y_2)^2}$$

 由于在欧几里得相似度计算中，最终数值的大小与相似度成反比，因此在实际应用中常常使用欧几里得距离的倒数作为相似度值，即 1/d+1 作为近似值。

从公式可以看到，作为计算结果的欧式值显示的是两点之间的直线距离，该值的大小表示两个物品或者用户差异性的大小，即用户的相似性如何。如果两个物品或者用户距离越大，则可以看到其相似度越小，距离越小则相似度越大。来看一个例子，表5-1是一个用户与其他用户打分表：

表 5-1   用户与物品评分对应表

	物品 1	物品 2	物品 3	物品 4
用户 1	1	1	3	1
用户 2	1	2	3	2
用户 3	2	2	1	1

如果需要计算用户1和其他用户之间的相似度，通过欧几里得距离公式可以得出：

$$d_{12} = 1/1 + \sqrt{(1-1)^2 + (1-2)^2 + (3-3)^2 + (1-2)^2} = 1/1 + \sqrt{2} \approx 0.414$$

从上可以看到，用户1和用户2的相似度为0.414，而用户1和用户3的相似度可以得到：

$$d_{13} = 1/1 + \sqrt{(1-2)^2 + (1-2)^2 + (3-1)^2 + (1-1)^2} = 1/1 + \sqrt{6} \approx 0.287$$

从得到的计算值可以看出，d_{12}分值大于d_{13}的分值，因此可以得到用户2比用户3更加相似于用户1。

5.2.2   基于余弦角度的相似度计算

与欧几里得距离相类似，余弦相似度也将特定目标，即物品或者用户作为坐标上的点，但不是坐标原点。基于此与特定的被计算目标进行夹角计算。具体如图5-3所示：

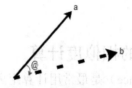

图 5-3   余弦相似度示例

从图5-3可以很明显地看出，两条射线分别从坐标原点触发，引出一定的角度。如果两个目标较为相似，则其射线形成的夹角较小。如果两个用户不相近，则两条射线形成的夹角较大。因此在使用余弦度量的相似度计算中，可以用夹角的大小来反映目标之间的相似性。余弦相似度的计算公式如下所示：

$$\cos@ = \frac{\sum(x_i \times y_i)}{\sqrt{\sum x_i^2} \times \sqrt{\sum y_i^2}}$$

从公式可以看到，余弦值的大小在[-1,1]之间，值的大小与夹角的大小成正比。如果用余弦相似度公式计算表 5-1 中用户 1 和用户 2、用户 3 之间的相似性，结果如下：

$$d_{12} = \frac{1 \times 1 + 1 \times 2 + 3 \times 3 + 1 \times 2}{\sqrt{1^2 + 1^2 + 3^2 + 1^2} \times \sqrt{1^2 + 2^2 + 3^2 + 2^2}} = \frac{14}{\sqrt{12} \times \sqrt{18}} \approx 0.789$$

而用户 1 和用户 3 的相似性如下：

$$d_{13} = \frac{1 \times 2 + 1 \times 2 + 3 \times 1 + 1 \times 1}{\sqrt{1^2 + 1^2 + 3^2 + 1^2} \times \sqrt{2^2 + 2^2 + 1^2 + 1^2}} = \frac{8}{\sqrt{12} \times \sqrt{10}} \approx 0.344$$

从计算可得，用户 2 相对于用户 3，与用户 1 更为相似。

5.2.3　欧几里得相似度与余弦相似度的比较

欧几里得相似度是以目标绝对距离作为衡量的标准,而余弦相似度是以目标差异的大小作为衡量标准，其表述如图 5-4 所示：

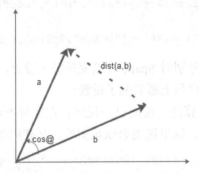

图 5-4　欧几里得相似度与余弦相似度

从图上可以看到,欧几里得相似度注重目标之间的差异,与目标在空间中的位置直接相关。而余弦相似度是不同目标在空间中的夹角，更加表现在前进趋势上的差异。

欧几里得相似度和余弦相似度具有不同的计算方法和描述特征。一般来说欧几里得相似度用来表现不同目标的绝对差异性，分析目标之间的相似度与差异情况。而余弦相似度更多的是对目标从方向趋势上区分，对特定坐标数字不敏感。

举例来说，2 个目标在不同的 2 个用户之间的评分分别是 (1,1) 和 (5,5)，这 2 个评分在表述上是一样。但是在分析用户相似度时，更多的是使用欧几里得相似度而不是余弦相似度对其进行计算，而余弦相似度更好地区分了用户分离状态。

5.2.4　第一个例子——余弦相似度实战

在本节的前面内容中，向读者讲解了不同相似度的理论原型。本小节将向读者展示一个使用余弦相似度计算不同用户之间相似性的实战。

首先从程序的设计上开始。第一步当然是数据的输入，其次是设计相似度算法公式，最后是对不同用户的递归计算。因此步骤可以总结如下：

（1）输入数据；

（2）建立相似度算法公式；

（3）计算不同用户之间的相似度。

下面分部分讨论一下。

首先是数据的输入，在本例中，为了便于计算，抽取了一个小数据例子作为计算标准，因为本书是介绍 Spark 为主的教程，因此在处理时需要先将其处理，其代码如下：

```
//设置环境变量
val conf = new SparkConf().setMaster("local").setAppName("My app")
//设置用户
val sc = new SparkContext(conf)
//实例化环境
val users = sc.parallelize(Array("aaa","bbb","ccc","ddd","eee"))
//设置电影名
val films = sc.parallelize(Array("smzdm","ylxb","znh","nhsc","fcwr"))
```

其中可以看到 conf 和 sc 分别对 Spark 环境变量做了设置，并且在机器中实例化了 Spark 环境。users 和 films 分别对用户和电影名做了设置。

其次是设置协同过滤矩阵算法。前面已经说过，在计算不同用户的相似度时，最关键的是采用不同的相似度计算算法，这里选用余弦相似度，其代码如下：

```
def getCollaborateSource(user1:String,user2:String):Double = {
//获得第1个用户的评分
val user1FilmSource = source.get(user1).get.values.toVector
//获得第2个用户的评分
val user2FilmSource = source.get(user2).get.values.toVector
val member = user1FilmSource.zip(user2FilmSource).map(d => d._1 *
d._2).reduce(_ + _).toDouble                    //对公式进行计算
//求出分母第1个变量值
val temp1 = math.sqrt(user1FilmSource.map(num => {
  math.pow(num,2)                               //数学计算
}).reduce(_ + _))                               //进行叠加
//求出分母第2个变量值
val temp2 = math.sqrt(user2FilmSource.map(num => {
  math.pow(num,2)                               //数学计算
  }).reduce(_ + _))                             //进行叠加
  val denominator = temp1 * temp2               //求出分母
  member / denominator                          //进行计算
}
```

这里稍微解释一下代码，source 是已经对 film 评分过的数据组，通过 toVector 将其转化成

向量以便于操作。分子部分中的 zip 方法使用在前面已经进行了介绍，map 方法将自身两两相乘后再通过 reduce 方法进行相加。分母部分同理可得。

 为了提高运行效率和减少篇幅，笔者将大量的运算合在一起操作，这也显示了 Scala 语言的简洁。读者如果有疑问，可将此方法取出单独进行测试。

通过分析以上的基本内容，基于余弦相似度的用户相似度计算的代码如程序 5-1 所示。

代码位置：//SRC//C05// CollaborativeFilteringSpark.scala

程序 5-1　基于余弦相似度的用户相似度计算

```scala
import org.apache.spark.{SparkConf, SparkContext}
import scala.collection.mutable.Map


object CollaborativeFilteringSpark {
  val conf = new
SparkConf().setMaster("local").setAppName("CollaborativeFilteringSpark ") //设
置环境变量
  val sc = new SparkContext(conf)              //实例化环境
  val users = sc.parallelize(Array("aaa","bbb","ccc","ddd","eee")) //设置用户
  val films = sc.parallelize(Array("smzdm","ylxb","znh","nhsc","fcwr"))//设置
电影名

  val source = Map[String,Map[String,Int]]()            //使用一个source嵌套map作为姓
名电影名和分值的存储
  val filmSource = Map[String,Int]()              //设置一个用以存放电影分的map
  def getSource(): Map[String,Map[String,Int]] = {     //设置电影评分
    val user1FilmSource = Map("smzdm" -> 2,"ylxb" -> 3,"znh" -> 1,"nhsc" ->
0,"fcwr" -> 1)
    val user2FilmSource = Map("smzdm" -> 1,"ylxb" -> 2,"znh" -> 2,"nhsc" ->
1,"fcwr" -> 4)
    val user3FilmSource = Map("smzdm" -> 2,"ylxb" -> 1,"znh" -> 0,"nhsc" ->
1,"fcwr" -> 4)
    val user4FilmSource = Map("smzdm" -> 3,"ylxb" -> 2,"znh" -> 0,"nhsc" ->
5,"fcwr" -> 3)
    val user5FilmSource = Map("smzdm" -> 5,"ylxb" -> 3,"znh" -> 1,"nhsc" ->
1,"fcwr" -> 2)
    source += ("aaa" -> user1FilmSource)//对人名进行存储
    source += ("bbb" -> user2FilmSource)        //对人名进行存储
    source += ("ccc" -> user3FilmSource)        //对人名进行存储
    source += ("ddd" -> user4FilmSource)        //对人名进行存储
    source += ("eee" -> user5FilmSource)        //对人名进行存储
    source                              //返回嵌套 map
  }
```

```scala
//两两计算分值,采用余弦相似性
def getCollaborateSource(user1:String,user2:String):Double = {
  val user1FilmSource = source.get(user1).get.values.toVector     //获得第1
个用户的评分
  val user2FilmSource = source.get(user2).get.values.toVector     //获得第2
个用户的评分
  val member = user1FilmSource.zip(user2FilmSource).map(d => d._1 *
d._2).reduce(_ + _ ).toDouble          //对公式分子部分进行计算
  val temp1 = math.sqrt(user1FilmSource.map(num => {              //求出分母第1
个变量值
    math.pow(num,2)                   //数学计算
  }).reduce(_ + _))                   //进行叠加
  val temp2 = math.sqrt(user2FilmSource.map(num => {              ////求出分母第
2个变量值
    math.pow(num,2)                   //数学计算
  }).reduce(_ + _))                   //进行叠加
  val denominator = temp1 * temp2          //求出分母
  member / denominator              //进行计算
}

def main(args: Array[String]) {
  getSource()                       //初始化分数
  val name = "bbb"                  //设定目标对象
  users.foreach(user =>{            //迭代进行计算
    println(name + " 相对于 " + user +"的相似性分数是: "+
getCollaborateSource(name,user))
  })
  }
}
```

打印结果如下:

```
bbb 相对于 aaa 的相似性分数是: 0.7089175569585667
bbb 相对于 bbb 的相似性分数是: 1.0000000000000002
bbb 相对于 ccc 的相似性分数是: 0.8780541105074453
bbb 相对于 ddd 的相似性分数是: 0.6865554812287477
bbb 相对于 eee 的相似性分数是: 0.6821910402406466
```

从最终结果可以看到，这里通过余弦相似度计算出特定用户与不同用户的相似性得分。

5.3 MLlib 中的交替最小二乘法（ALS 算法）

本节介绍交替最小二乘法。交替最小二乘法是统计分析中最常用的逼近计算的一种算法，

其交替计算结果使得最终结果尽可能地逼近真实结果。

ALS 算法稍微有些难度，笔者这里将尽量形象而准确地描述其原理，并在最后部分给出一个程序示例供读者学习掌握这个算法。

5.3.1 最小二乘法（LS 算法）详解

在介绍 MLlib 中的 ALS 算法之前，先简单地介绍一下 ALS 算法的基础，LS 算法。

LS 算法是一种数学优化技术，也是一种机器学习常用算法。它通过最小化误差的平方和寻找数据的最佳函数匹配。利用最小二乘法可以简便地求得未知的数据，并使得这些求得的数据与实际数据之间误差的平方和为最小。最小二乘法还可用于曲线拟合。其他一些优化问题也可通过最小化能量或最大化熵用最小二乘法来表达。

为了便于理解最小二乘法，我们通过一个图示为读者演示一下 LS 算法的原理，如图 5-5 所示。

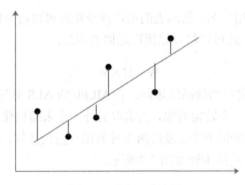

图 5-5　最小二乘法原理

从图 5-5 可以看到，若干个点依次分布在向量空间中，如果希望找出一条直线和这些点达到最佳匹配。那么最简单的一个方法就是希望这些点到直线的距离值最小，即公式如下：

$$f(x) = ax + b$$

$$\delta = \sum (f(x_i) - y_i)^2$$

公式中 f(x)是直接的拟合公式，也是所求的目标函数。在这里希望各个点到直线的值最小，也就是可以将其理解为其差值和最小。这里可以使用微分的方法求出最小值，限于篇幅的关系这里不再细说。

 读者可以自行研究下最小二乘法的公式计算。笔者建议读者可以自己实现最小二乘法的程序。

5.3.2 MLlib 中交替最小二乘法（ALS 算法）详解

ALS 算法的解释比较复杂，我们可以一个图来表示，如图 5-6 所示。

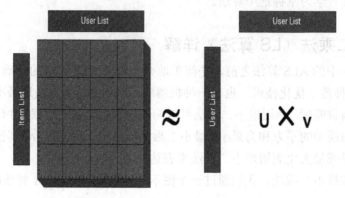

图 5-6　ALS 算法矩阵分解图示

在图 5-6 中，一个基于用户名、物品表的用户评分矩阵可以被分解成 2 个较为小型化的矩阵，即矩阵 U 和矩阵 V，因此可以将原始矩阵近似表示为：

$$W = U \times V$$

这里 U 和 V 分别表示用户和物品的矩阵。在 MLlib 的 ALS 算法中，首先对 U 或者 V 矩阵随机化生成，之后固定某一个特定对象，去求取另外一个未随机化的矩阵对象。然后利用被求取的矩阵对象去求随机化矩阵对象。最后两个对象相互迭代计算，求取与实际矩阵差异达到程序设定的最小阈值位置。具体步骤如图 5-7 所示。

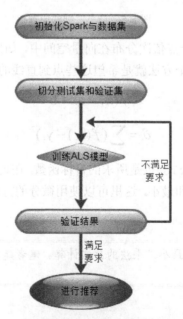

图 5-7　ALS 算法流程图

5.3.3 ALS 算法实战

现在进入本章中最激动人心的部分，ALS 算法的程序设计。从图 5-7 所示可以看到，ALS
算法的前验基础是切分数据集，在这里笔者选用程序 5-1 的数据集合，首先建立数据集文件
u1.txt，如图 5-8 所示，内容如下：

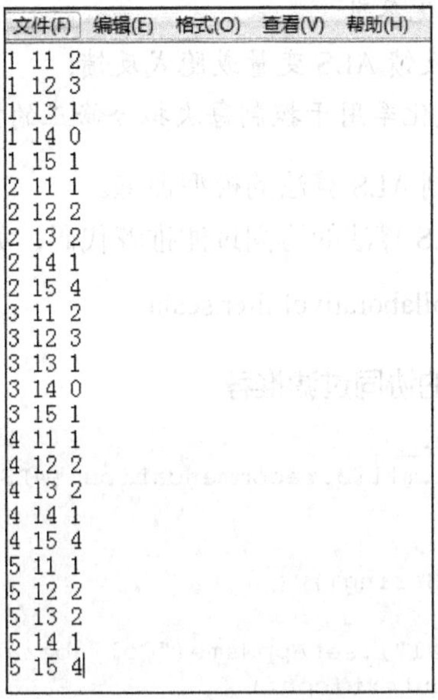

```
文件(F) 编辑(E) 格式(O) 查看(V) 帮助(H)
1 11 2
1 12 3
1 13 1
1 14 0
1 15 1
2 11 1
2 12 2
2 13 2
2 14 1
2 15 4
3 11 2
3 12 3
3 13 1
3 14 0
3 15 1
4 11 1
4 12 2
4 13 2
4 14 1
4 15 4
5 11 1
5 12 2
5 13 2
5 14 1
5 15 4
```

图 5-8 数据集文件 u1.txt

这里需要注意，MLLIb 中 ALS 算法有固定的数据格式，源码如下：

```
case class Rating(user: Int, product: Int, rating: Double)
```

其中 Rating 是固定的 ALS 输入格式，它要求是一个元组类型的数据，其中的数值分别为
[Int,Int,Double]，因此在数据集建立时，用户名和物品名分别用数值代替，而最后的评分没有
变化。

其次从流程图上可以看到，第二步就是建立 ALS 数据模型，ALS 数据模型是根据数据集
训练获得，即 ALS.tran 方法是最为重要的方法。ALS.tran 源码如下：

```
def train(
    ratings: RDD[Rating],
    rank: Int,
    iterations: Int,
    lambda: Double,
    blocks: Int,
    seed: Long
  ): MatrixFactorizationModel = {
    new ALS(blocks, blocks, rank, iterations, lambda, false, 1.0,
seed).run(ratings)
  }
```

从源码中可以看到，train 是由若干个参数构成，其解释如下：

- numBlocks: 并行计算的 block 数（-1 为自动配置）；
- rank: 模型中隐藏因子数；
- iterations: 算法迭代次数；
- lambda: ALS 中的正则化参数；
- implicitPref: 使用显示反馈 ALS 变量或隐式反馈；
- alpha: ALS 隐式反馈变化率用于控制每次拟合修正的幅度。

这些参数协同作用从而控制 ALS 算法的模型训练。

解释完以上内容，基于 ALS 算法的协同过滤推荐代码，如程序 5-2 所示。

代码位置：//SRC//C05// CollaborativeFilter.scala

程序 5-2　基于 ALS 算法的协同过滤推荐

```scala
import org.apache.spark._
import org.apache.spark.mllib.recommendation.{ALS, Rating}

object CollaborativeFilter {
  def main(args: Array[String]) {
    val conf = new
SparkConf().setMaster("local").setAppName("CollaborativeFilter ")  //设置环境变量
    val sc = new SparkContext(conf)                    //实例化环境
    val data = sc.textFile("c://u1.txt")               //设置数据集
    val ratings = data.map(_.split(' ') match {        //处理数据
    case Array(user, item, rate) =>                    //将数据集转化
      Rating(user.toInt, item.toInt, rate.toDouble)    //将数据集转化为专用 Rating
    })
    val rank = 2                        //设置隐藏因子
    val numIterations = 2                      //设置迭代次数
    val model = ALS.train(ratings, rank, numIterations, 0.01)  //进行模型训练
    var rs = model.recommendProducts(2,1)    //为用户2推荐一个商品
    rs.foreach(println)                       //打印结果
  }
}
```

在程序中，使用 ALS.train 建立了一个 model，是根据已有的数据集建立的一个协同过滤
矩阵推荐模型，之后使用 recommendProducts 方法为第二个用户推荐一个物品，结果打印如下：

```
Rating(2,15,3.984619047736139)
```

根据结果显示，这里为第二个用户推荐了编号为 15 的物品，同时将预测评分 3.98 进行输
出。这与实际值 4 相差较小。

> 程序中 rank 表示隐藏因子，numIterator 表示循环迭代的次数，读者可以根据需要调节数
> 值。如果报出 StackOverFlow 错误，可以适当地调节虚拟机或者 IDE 的栈内存。另外，读
> 者可以尝试调用 ALS 中的其他方法以更好地理解 ALS 模型的用法。

5.4　小结

本章向读者介绍了协同过滤算法的基础理论和用法，也自行编写了一个可运行在 Spark 上的一个经典协同过滤算法，这些都为读者深入理解协同过滤算法提供了较大的帮助。同时本章还介绍了 MLlib 的经典算法 ALS，这个是利用最小二乘法做的一种并发性较强的协同过滤算法。这个算法较好地利用了 Spark 并发的特性。

本章的全部内容都是为最后一小节的 ALS 算法实例服务的，这个实例的实现代码短小精悍，也较好地反映了 Scala 语言的简单易用及 Spark 的易学性。在后续的章节中，将向读者展示更多的 MLlib 的不同算法，掌握这些算法将会帮助你更好地理解和掌握 Spark 用法。

第 6 章
◀ MLlib线性回归理论与实战 ▶

回归分析（regression analysis）是一种用来确定两种或两种以上变量间相互依赖的定量关系的统计分析方法，运用十分广泛。回归分析可以按以下要素分类：

- 按照涉及的自变量的多少，分为回归和多重回归分析；
- 按照自变量的多少，可分为一元回归分析和多元回归分析；
- 按照自变量和因变量之间的关系类型，可分为线性回归分析和非线性回归分析。

如果在回归分析中，只包括一个自变量和一个因变量，且二者的关系可用一条直线近似表示，这种回归分析称为一元线性回归分析。如果回归分析中包括两个或两个以上的自变量，且因变量和自变量之间是线性关系，则称为多重线性回归分析。

回归分析是最常用的机器学习算法之一，可以说回归分析理论与实际研究的建立使得机器学习作为一门系统的计算机应用学科得以确认。

MLlib中，线性回归是一种能够较为准确预测具体数据的回归方法，它通过给定的一系列训练数据，在预测算法的帮助下预测未知的数据。

本章将向读者介绍线性回归的基本理论与 MLlib 中使用的预测算法，以及为了防止过度拟合而进行的正则化处理，这些不仅仅是回归算法的核心，也是 MLlib 的最核心部分。

本章主要知识点：

- 随机梯度下降算法详解
- MLlib 回归的过拟合
- MLlib 线性回归实战

6.1 随机梯度下降算法详解

机器学习中回归算法的种类有很多，例如神经网络回归算法、蚁群回归算法、支持向量机回归算法等，这些都可以在一定程度上达成回归拟合的目的。

MLlib 中使用的是较为经典的随机梯度下降算法，它充分利用了 Spark 框架的迭代计算特性，通过不停地判断和选择当前目标下的最优路径，从而能够在最短路径下达到最优的结果，继而提高大数据的计算效率。

6.1.1　道士下山的故事

在介绍随机梯度下降算法之前，给大家讲一个道士下山的故事。请读者看图 6-1。

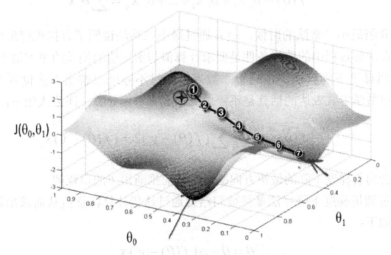

图 6-1　模拟随机梯度下降算法的演示图

这是一个模拟随机梯度下降算法的演示图。为了便于理解，笔者将其比喻成道士想要出去游玩的一座山。

设想道士有一天和道友一起到一座不太熟悉的山上去玩，在兴趣盎然中很快登上了山顶。但是天有不测，下起了雨。如果这时需要道士和其同来的道友以最快的速度下山，那该怎么办呢？

如果想以最快的速度下山，那么最快的办法就是顺着坡度最陡峭的地方走下去。但是由于不熟悉路，道士在下山的过程中，每走过一段路程需要停下来观望，从而选择最陡峭的下山路线。这样一路走下来的话，可以在最短时间内走到山脚。

这个最短的路线从图上可以近似的表示为：

①　→　②　→　③　→　④　→　⑤　→　⑥　→　⑦

每个数字代表每次停顿的地点，这样只需要在每个停顿的地点上选择最陡峭的下山路即可。

这个就是一个道士下山的故事。随机梯度下降算法和这个类似，如果想要使用最迅捷的方法，那么最简单的办法就是在下降一个梯度的阶层后，寻找一个当前获得的最大坡度继续下降。这就是随机梯度算法的原理。

6.1.2　随机梯度下降算法的理论基础

从上一小节的例子可以看到，随机梯度下降算法就是不停地寻找某个节点中下降幅度最大的那个趋势进行迭代计算，直到将数据收缩到符合要求的范围为止。它可以用数学公式表达如下：

$$f(\theta) = \theta_0 x_0 + \theta_1 x_1 + ... + \theta_n x_n = \sum \theta_i x_i$$

在上一章介绍最小二乘法的时候，笔者通过最小二乘法说明了直接求解最优化变量的方法，也介绍了在求解过程中的前提条件是要求计算值与实际值的偏差的平方最小。

但是在随机梯度下降算法中，对于系数需要通过不停地求解出当前位置下最优化的数据。这句话通过数学方式表达的话就是不停地对系数 θ 求偏导数。即公式如下：

$$\frac{\partial}{\partial \theta} f(\theta) = \frac{\partial}{\partial \theta} \frac{1}{2} \sum (f(\theta) - y_i)2 = (f(\theta) - y) x_i$$

公式中 θ 会向着梯度下降的最快方向减少，从而推断出 θ 的最优解。

因此可以说随机梯度下降算法最终被归结为通过迭代计算特征值从而求出最合适的值。θ 求解的公式如下：

$$\theta = \theta - \alpha (f(\theta) - y_i) x_i$$

公式中 α 是下降系数，用较为通俗的话来说就是用以计算每次下降的幅度大小。系数越大则每次计算中差值越大，系数越小则差值越小，但是计算时间也相对延长。

6.1.3　随机梯度下降算法实战

随机梯度下降算法将梯度下降算法通过一个模型来表示的话，如图 6-2 所示：

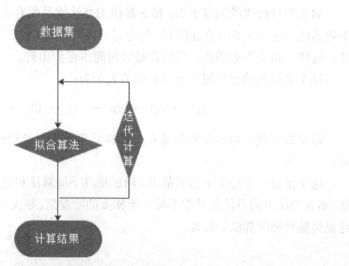

图 6-2　随机梯度下降算法过程

从图中可以看到，实现随机梯度下降算法的关键是拟合算法的实现。而本例的拟合算法实现较为简单，通过不停地修正数据值从而达到数据的最优值。具体实现代码如程序 6-1 所示：

代码位置：//SRC//C06// SGD.scala

程序 6-1　随机梯度下降算法

```scala
import scala.collection.mutable.HashMap

object SGD {
  val data = HashMap[Int,Int]()              //创建数据集
  def getData():HashMap[Int,Int] = {         //生成数据集内容
    for(i <- 1 to 50){                       //创建50个数据
      data += (i -> (12*i))                  //写入公式 y=2x
    }
    data                                     //返回数据集
  }

  var θ:Double = 0                           //第一步假设 θ 为0
  var α :Double = 0.1                        //设置步进系数

  def sgd(x:Double,y:Double) = {             //设置迭代公式
    θ = θ - α * ( (θ*x) - y)                 //迭代公式
  }
  def main(args: Array[String]) {
    val dataSource = getData()               //获取数据集
    dataSource.foreach(myMap =>{             //开始迭代
      sgd(myMap._1,myMap._2)                 //输入数据
    })
    println("最终结果 θ 值为 " + θ)          //显示结果
  }
}
```

最终结果请读者自行验证完成。

读者在重复运行本程序的时候，可以适当地增大数据量和步进系数。当增大数据量的时候可以看到，θ值会开始偏离一定的距离，请读者考虑为何会这样。

6.2　MLlib 回归的过拟合

有计算就有误差，误差不可怕，我们需要的是采用何种方法消除误差。

回归分析在计算过程中，由于特定分析数据和算法选择的原因，结果会对分析数据产生非

常强烈的拟合效果；而对于测试数据，却表现得不理想，这种效果和原因称为过拟合。本节将分析过拟合产生的原因和效果，并给出一个处理手段供读者学习和掌握。

6.2.1　过拟合产生的原因

在上一节的最后，我们建议和鼓励读者对数据的量进行调整从而获得更多的拟合修正系数。相信读者也发现，随着数据量的增加，拟合的系数在达到一定值后会发生较大幅度的偏转。在上一节程序 6-1 的例子中，步进系数在 0.1 的程度下，数据量达到 70 以后就发生偏转。产生这样原因就是 MLlib 回归会产生过拟合现象。

对于过拟合的例子请读者参看图 6-3。

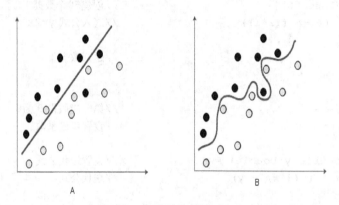

图 6-3　拟合与过拟合

从图 6-3 所示 A 图和 B 图的对比来看，如果测试数据过于侧重某些具体的点，则会对整体的曲线形成构成很大的影响，从而影响到待测数据的测试精准度。这种对于测试数据过于接近而实际数据拟合程度不够的现象称为过拟合，而解决办法就是对数据进行处理，而处理过程称为回归的正则化。

正则化使用较多的一般有两种方法，lasso 回归（L1 回归）和岭回归（L2 回归）。其目的是通过对最小二乘估计加入处罚约束，使某些系数的估计为 0。

从 6-3 图中 A 图和 B 图回归曲线上看，A 和 B 的差异较多地集中在回归系数的选取上。这里可以近似地将 A 假设为如下公式：

$$f(A) = \theta_0 + \theta_1 x_1 + \theta_2 x_2$$

而 B 公式可以近似的表示为：

$$f(B) = \theta_0 + \theta_1 x_1 + \theta_2 x_2 + \theta_3 x_3^2 + \theta_4 x_4^3 = f(A) + \theta_3 x_3^2 + \theta_4 x_4^3$$

从 A 和 B 公式的比较来看，B 公式更多的是增加了系数。因此解决办法就是通过对增加的系数进行消除从而使之消除过拟合。

更加直观的理解就是，防止通过拟合算法最后计算出的回归公式比较大地响应和依赖某些特定的特征值，从而影响回归曲线的准确率。

6.2.2　lasso 回归与岭回归

由前面对过拟合产生的原因分析来看，如果能够消除拟合公式中多余的拟合系数，那么产生的曲线可以较好地对数据进行拟合处理。因此可以认为对拟合公式过拟合的消除最直接的办法就是去除其多余的公式，那么通过数学公式表达如下：

$$f(B') = f(B) + J(\theta)$$

从公式可以看到，$f(B')$ 是 $f(B)$ 的变形形式，其通过增加一个新的系数公式 $J(\theta)$ 从而使原始数据公式获得了正则化表达。这里 $J(\theta)$ 又称为损失函数，它通过回归拟合曲线的范数 L1 和 L2 与一个步进数 α 相乘得到。

范数 L1 和范数 L2 是两种不同的系数惩罚项，首先来看 L1 范数。

L1 范数指的是回归公式中各个元素的绝对值之和，其又称为"稀疏规则算子（Lasso regularization）"。其一般公式如下：

$$J(\theta) = \alpha \times \|x\|$$

即可以通过这个公式计算使得 $f(B')$ 能够取得最小化。

而 L2 范数指的是回归公式中各个元素的平方和，其又称为"岭回归（Ridge Regression）"可以用公式表示为：

$$J(\theta) = \alpha \sum x^2$$

> MLlib 中 SGD 算法支持 L1 和 L2 正则化方法，而 LBFGS 只支持 L2 正则化，不支持 L1 正则化。

L1 范数和 L2 范数相比较而言，L1 能够在步进系数 α 在一定值的情况下将回归曲线的某些特定系数修正为 0。而 L1 回归由于其平方的处理方法从而使得回归曲线获得较高的计算精度。

6.3　MLlib 线性回归实战

6.3.1　MLlib 线性回归基本准备

在前面的章节中，我们为读者介绍了线性回归的一些基本知识，这些知识将伴随读者的整个机器学习和数据挖掘的工作生涯。本节将带领读者开始学习第一个回归算法，即线性回归。首先需要完成线性回归的数据准备工作。

MLlib 中，线性回归的基本数据是严格按照数据格式进行设置。例如，如果想求得公式

$y=2x_1+3x_2$ 系数，那么需要在数据基础中设置 2 个 x 值，并且在其前部设置 y 值。数据整理规则如下：

数据位置：//DATA//D06//lpsa.data

```
1,0 1
2,0 2
3,0 3
5,1 4
7,6 1
9,4 5
6,3 3
```

这里逗号（,）前面的数值是根据不同的数据求出的结果值，而每个系数的 x 值依次地被排列在其后。这些就是数据的收集规则：

$$Y = a + b*X$$

其次是对既定的 MLlib 回归算法中数据格式的要求，我们可以从回归算法的源码来分析，源码代码段如下：

```
def train(
    input: RDD[LabeledPoint],
    numIterations: Int,
    stepSize: Double): LinearRegressionModel = {
    train(input, numIterations, stepSize, 1.0)
}
```

从上面代码段可以看到，整理的训练数据集需要输入一个 LabeledPoint 格式的数据，因此在读取来自数据集中的数据时，需要将其转化为既定的格式。本例子数据转化的格式如下：

```
val parsedData = data.map { line =>
    val parts = line.split(',')
    LabeledPoint(parts(0).toDouble, Vectors.dense(parts(1).split('
').map(_.toDouble)))
    }.cache()
```

从中可以看到，程序首先对读取的数据集进行分片处理，根据逗号将其分解为因变量与自变量，即线性回归中的 y 和 x 值。其后将其转换为 LabeledPoint 格式的数据，这里 part（0）和 part（1）分别代表数据分开的 y 和 x 值，并根据需要将 x 值转化成一个向量数组。

其次是训练模型的数据要求。numIterations 是整体模型的迭代次数，理论上迭代的次数越多则模型的拟合程度越高，但是随之而来的是迭代需要的时间越长。而 stepSize 是上面章节中随机梯度下降算法中的步进系数，代表每次迭代过程中模型的整体修正程度。

最后一部分就是根据数据集训练的线性回归模型预测数据。MLlib 中线性回归模型预测方法有 2 种，其代码如下：

```
def predict(testData: RDD[Vector]): RDD[Double] = {
```

```
def predict(testData: Vector): Double = {
```

表示分别要求输入一个向量或者一个 RDD 化后的向量作为数据变量，这里可以通过 RDD 内建的方法对数据进行处理。

一个完整的线性回归程序如程序 6-2 所示。

代码位置：//SRC//C06// LinearRegression.scala

程序 6-2　线性回归程序

```
import org.apache.spark.mllib.linalg.Vectors
import org.apache.spark.mllib.regression.{LabeledPoint,
LinearRegressionWithSGD}
import org.apache.spark.{SparkConf, SparkContext}

object LinearRegression {
    val conf = new SparkConf()                          //创建环境变量
        .setMaster("local")                             //设置本地化处理
        .setAppName("LinearRegression ")                //设定名称
    val sc = new SparkContext(conf)                     //创建环境变量实例

  def main(args: Array[String]) {
    val data = sc.textFile("c:/lpsa.data")              //获取数据集路径
    val parsedData = data.map { line =>                 //开始对数据集处理
      val parts = line.split(',')                       //根据逗号进行分区
      LabeledPoint(parts(0).toDouble, Vectors.dense(parts(1).split('
').map(_.toDouble)))
    }.cache()                                           //转化数据格式
    //建立模型
    val model = LinearRegressionWithSGD.train(parsedData, 100,0.1)
    val prediction= model.predict(parsedData.map((_.features))) //检验测试集数
据
    prediction.foreach(obj => println(obj))             //打印原测试集数据使用模型后
得出的结果
    println(model.predict(Vectors.dense(0,1)))          //提供新的待测数据
    }

}
```

这里顺带提示一下，读者在最后一步看到的 Vectors.dense(0,1)代码是人为的创建一个 MLLib 数据向量输入到已构成的数据模型中。

请读者自行输入数据和计算回归结果。

6.3.2 MLlib 线性回归实战：商品价格与消费者收入之间的关系

本小节我们做一个 MLlib 线性回归的实例。某种商品的需求量（y，吨）、价格（$x1$，元/千克）和消费者收入（$x2$，元）观测值如表 6-1 所示。

表 6-1 消费和需求对应表

y	x_1	x_2	y	x_1	x_2
100	5	1000	65	7	400
75	7	600	90	5	1300
80	6	1200	100	4	1100
70	6	500	110	3	1300
50	8	30	60	9	300

要求：

建立需求函数：$y = a_1x_1 + a_2x_2$；

从要求可以看到，我们需要建立一个需求回归公式，首先需要对数据进行处理，而数据的处理可以如图 6-4 所示。

数据位置：//DATA//D06//lr.txt

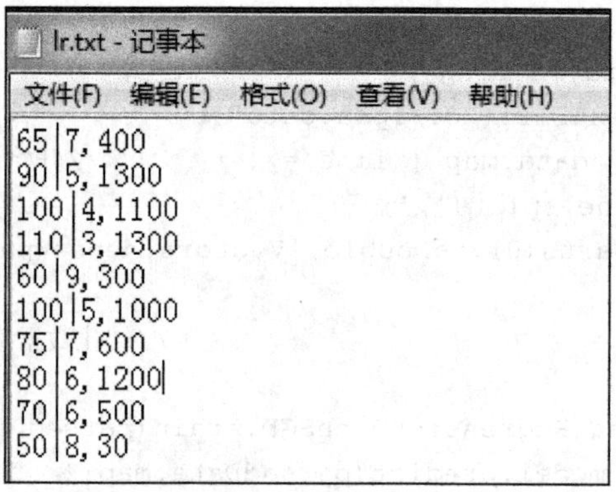
lr.txt - 记事本
文件(F) 编辑(E) 格式(O) 查看(V) 帮助(H)
65|7,400
90|5,1300
100|4,1100
110|3,1300
60|9,300
100|5,1000
75|7,600
80|6,1200
70|6,500
50|8,30

图 6-4 数据示例

从图 6-4 可以看到，“|”分割了 y 值与 x 值，而不同的 x 之间通过“,”进行分割。具体程序如程序 6-3 所示。

代码位置：//SRC//C06// LinearRegression2.scala

程序 6-3 线性回归实战

```
import org.apache.spark.mllib.linalg.Vectors
import org.apache.spark.mllib.regression.{LabeledPoint,
LinearRegressionWithSGD}
import org.apache.spark.{SparkConf, SparkContext}

object LinearRegression {
```

```
val conf = new SparkConf()                         //创建环境变量
  .setMaster("local")                              //设置本地化处理
  .setAppName("LinearRegression2 ")                //设定名称
val sc = new SparkContext(conf)                    //创建环境变量实例

def main(args: Array[String]) {
  val data = sc.textFile("c:/lr.txt")              //获取数据集路径
  val parsedData = data.map { line =>              //开始对数据集处理
    val parts = line.split('|')                    //根据逗号进行分区
    LabeledPoint(parts(0).toDouble,
Vectors.dense(parts(1).split(',').map(_.toDouble)))
  }.cache()                                         //转化数据格式
  //建立模型
  val model = LinearRegressionWithSGD.train(parsedData, 200,0.1)
  val prediction = model.predict(parsedData.map((_.features)))//检验测试集数据
  prediction.foreach(obj => println(obj))          //打印原测试集数据使用模型后得出
的结果
  println(model.predict(Vectors.dense(0,1)))       //提供新的待测数据
}

}
```

结果请读者自行验证完成。

6.3.3　对拟合曲线的验证

上一节中，笔者通过数据拟合出了每个元素对应系数，根据系数的确定可以定义出回归曲线公式。而至于根据系数拟合出的公式是否符合真实的数据表现则需要另外一个检验标准。

均方误差（Mean Squared Error，MSE）是衡量"平均误差"的一种较方便的方法，可以评价数据的变化程度。均方根误差是均方误差的算术平方根。

标准误差定义为各测量值误差的平方和的平均值的平方根。设 n 个测量值的误差为 θ_1、$\theta_2\cdots\cdots\theta_n$，则这组测量值的标准误差 σ 计算公式如下：

$$\sigma = \sqrt{\frac{\theta_1^2 + \theta_2^2 + \theta_3^2 + ...\theta_n^2}{n}} = \sqrt{\frac{\sum \theta_i^2}{n}}$$

数理统计中均方误差是指参数估计值与参数真值之差平方的期望值，记为 MSE。MSE 是衡量"平均误差"的一种较方便的方法，MSE 可以评价数据的变化程度，MSE 的值越小，说明预测模型描述实验数据具有更好的精确度。与此相对应的，还有均方根误差 RMSE、平均绝对百分误差等。

因此，为了衡量数据预测结果与真实结果之间的差异，可以使用 MSE 来计算相关的预测误差。代码如下：

```
val valuesAndPreds = parsedData.map { point => {
```

```
        val prediction = model.predict(point.features)
        (point.label, prediction)
        }
    }

    val MSE = valuesAndPreds.map{ case(v, p) => math.pow((v - p), 2)}.mean()
```

　　我们可以将这些代码添加到已有的程序代码中计算回归曲线的 MSE，具体程序如程序 6-4 所示。

　　代码位置：//SRC//C06// LinearRegression3.scala

程序 6-4　计算回归曲线的 MSE

```
    import org.apache.spark.mllib.linalg.Vectors
    import org.apache.spark.mllib.regression.{LabeledPoint,
LinearRegressionWithSGD}
    import org.apache.spark.{SparkConf, SparkContext}

    object LinearRegression {
        val conf = new SparkConf()                          //创建环境变量
        .setMaster("local")                                 //设置本地化处理
        .setAppName("LinearRegression3 ")                   //设定名称
        val sc = new SparkContext(conf)                     //创建环境变量实例

        def main(args: Array[String]) {
          val data = sc.textFile("c:/lr.txt")               //获取数据集路径
          val parsedData = data.map { line =>               //开始对数据集处理
          val parts = line.split('|')                       //根据逗号进行分区
          LabeledPoint(parts(0).toDouble,
Vectors.dense(parts(1).split(',').map(_.toDouble)))
        }.cache()                                           //转化数据格式
        val model = LinearRegressionWithSGD.train(parsedData, 2,0.1)      //建立模型
        val valuesAndPreds = parsedData.map { point => {//获取真实值与预测值
          val prediction = model.predict(point.features)//对系数进行预测
          (point.label, prediction)                         //按格式存储
          }
        }

        val MSE = valuesAndPreds.map{ case(v, p) => math.pow((v - p), 2)}.mean()
                                //计算 MSE
        println(MSE)
      }

    }
```

打印结果：

```
3.7725016644625
```

 MLlib 中的线性回归比较适合做一元线性回归而非多元线性回归，当回归系数较多时，算法产生过拟合的现象较为严重。

6.4 小结

本章带领读者初步学习和掌握了 MLlib 计算框架中最核心的部分，即梯度下降算法，这个算法将贯穿本书的始终。实际上机器学习的大多数算法都是在使用迭代的情况下最大限度地逼近近似值，这也是学习算法的基础。

对于线性回归过程中产生的系数过拟合现象，本章介绍了常用的解决方法，即系数的正则化。一般情况下正则化有两种：分别是 L1 和 L2，其原理都是在回归拟合公式后，添加相应的拟合系数来消除产生过拟合的数据。这种做法也是机器学习中常用的过拟合处理手段。

最后本章对一个数据实例进行计算处理，这里建议读者更多的是对一元回归重新做一次分析计算，看看结果如何。

下一章将带领读者进入 MLlib 的第三个部分，数据的分类。

第 7 章

◀ MLlib分类实战 ▶

本章开始进入 MLlib 算法中的一个新的领域——分类算法。分类算法又称为分类器，是数据挖掘和机器学习领域中的一个非常重要的分支和方向，它原本是统计分析中的一个工具，而近年来随着统计学应用的广泛推进，分类算法得到越来越多的应用，大数据的分类是分类算法的未来应用趋势。

目前，MLlib 中分类算法在全部算法中占据了非常重要的部分，其中包括逻辑回归、支持向量机（SVM）、贝叶斯分类器等，它们包含的一些基本理论和算法，将在本章着重进行介绍。

本章有些算法理论部分较为深奥，我们将侧重于在工程应用方面为读者做通俗易懂的解释，希望能够帮助读者在掌握算法使用方法的情况下了解其背后的原理。

本章主要知识点：

- 逻辑回归
- 支持向量机
- 朴素贝叶斯

7.1　逻辑回归详解

逻辑回归和线性回归类似，但它不属于回归分析家族，差异主要是在于变量不同，因此其解法和生成曲线也不尽相同。

MLlib 中将逻辑回归归类在分类算法中，也是无监督学习的一个重要算法，本节将主要介绍其基本理论和算法示例。

7.1.1　逻辑回归不是回归算法

逻辑回归并不是回归算法，而是分类算法。

逻辑回归是目前数据挖掘和机器学习领域中使用较为广泛的一种对数据进行处理的算法，一般用于对某些数据或事物的归属及可能性进行评估。目前较为广泛地应用在流行病学中，比较常用的情形是探索某疾病的危险因素，根据危险因素预测某疾病发生的概率等。

例如，想探讨胃癌发生的危险因素，可以选择两组人群，一组是胃癌组，一组是非胃癌组，两组人群肯定有不同的体征和生活方式等。这里的因变量就是是否胃癌，即"是"或"否"，为两分类变量，自变量就可以包括很多了，例如年龄、性别、饮食习惯、幽门螺杆菌感染等。自变量既可以是连续的，也可以是分类的。

再一次提醒，逻辑回归并不是回归算法，而是用来分类的一种算法，特别是用在二分分类中。

在上一章中，笔者向读者演示了使用线性回归对某个具体数据进行预测的方法，虽然可以看到，在二元或者多元的线性回归计算中，最终结果与实际相差较大，但是其能够返回一个具体的预测数据。

但是现实生活中，某些问题的研究却没有正确的答案。

在前面讨论的胃癌例子中，尽管收集到了各种变量因素，但是在胃癌被确诊定性之前，任何人都无法对某人是否将来会诊断出胃癌做出断言，而只能说"有可能"患有胃癌。这个就是逻辑回归，他不会直接告诉你结果的具体数据而会告诉你可能性是在哪里。

7.1.2　逻辑回归的数学基础

前面的讲解已经知道，逻辑回归实际上就是对已有数据进行分析从而判断其结果可能是多少，它可以通过数学公式来表达。

假设已有样本数据集如下：

数据位置：//DATA//D07//u.txt

```
1|2
1|3
1|4
1|5
1|6
0|7
0|8
0|9
0|10
0|11
```

这里分隔符用以标示分类结果和数据组。如果使用传统的(x,y)值的形式标示，则y为 0 或者 1，x为数据集中数据的特征向量。

逻辑回归的具体公式如下：

$$f(x) = \frac{1}{1 + \exp(-\theta^T x)}$$

与线性回归相同，这里的θ是逻辑回归的参数，即回归系数，如果再将其进一步变形，使其能够反映二元分类问题的公式，则公式为：

$$f(y = 1|x, \theta) = \frac{1}{1 + \exp(-\theta^T x)}$$

这里 y 值是由已有的数据集中数据和 θ 共同决定。实际上这个公式求计算是在满足一定条件下，最终取值的对数机率，即由数据集的可能性的比值的对数变换得到。通过公式表示为：

$$\log(x) = \ln\left(\frac{f(y = 1|x, \theta)}{f(y = 0|x, \theta)}\right) = \theta_0 + \theta_1 x_1 + \theta_2 x_2 + \cdots + \theta_n x_n$$

通过这个逻辑回归倒推公式可以看到，最终逻辑回归的计算可以转化成数据集的特征向量与系数 θ 共同完成，然后求得其加权和作为最终的判断结果。

 读者可以比较一下逻辑回归与线性回归的差异性。

由前面数学分析来看，最终逻辑回归问题又称为对系数 θ 的求值问题。回忆本书在讲解线性回归算法求最优化 θ 值的时候，通过随机梯度算法能够较为准确和方便地求得其最优值。这点请读者自行复习一下上一章讲解的内容。

7.1.3　一元逻辑回归示例

根据上一小节给出的数据集计算一元逻辑回归。本小节的示例中，我们在 C 盘下建立文件 u.txt 作为本次的数据集。为了简化起见，我们使用与线性回归相同的形式读取数据。完整代码如程序 7-1 所示。

代码位置：//SRC//C07// LogisticRegression.scala

程序 7-1　一元逻辑回归

```
import org.apache.spark.mllib.classification.LogisticRegressionWithSGD
import org.apache.spark.mllib.linalg.Vectors
import org.apache.spark.mllib.regression.LabeledPoint
import org.apache.spark.{SparkConf, SparkContext}

object LogisticRegression{
    val conf = new SparkConf()              //创建环境变量
    .setMaster("local")                     //设置本地化处理
    .setAppName("LogisticRegression ")      //设定名称
    val sc = new SparkContext(conf)         //创建环境变量实例

    def main(args: Array[String]) {
      val data = sc.textFile("c:/u.txt")    //获取数据集路径
      val parsedData = data.map { line =>   //开始对数据集处理
      val parts = line.split('|')           //根据逗号进行分区
```

```
        LabeledPoint(parts(0).toDouble,              Vectors.dense(parts(1).
split(" ").map(_.toDouble))
      }.cache()                                   //转化数据格式
      val model = LogisticRegressionWithSGD.train(parsedData,50)  //建立模型
      val target = Vectors.dense(-1)              //创建测试值
      val resulet = model.predict(target)         //根据模型计算结果
      println(resulet)                            //打印结果
    }
  }
```

Spark 的初始化数据读取这里就不再重复，parsedData 最终形成了一个 LabeledPoint[RDD]形式的数据集，而 model 是通过随机梯度下降算法迭代形成的逻辑回归模型，target 是待测试数据，result 是根据模型求出的结果。

7.1.4 多元逻辑回归示例

在本章开头的胃癌可能性例子中，对胃癌的影响因素很多，例如年龄、性别、饮食习惯、幽门螺杆菌感染等。而在判断其可能性的时候，需要综合考虑多种因素，因此在进行数据回归分析时，并不能简单地使用一元逻辑回归。

本小节采用的例子是 MLlib 中自带的数据集 sample_libsvm_data.txt，其内容格式如图 7-1 所示。

数据位置：//DATA//D07//sample_libsvm_data.txt

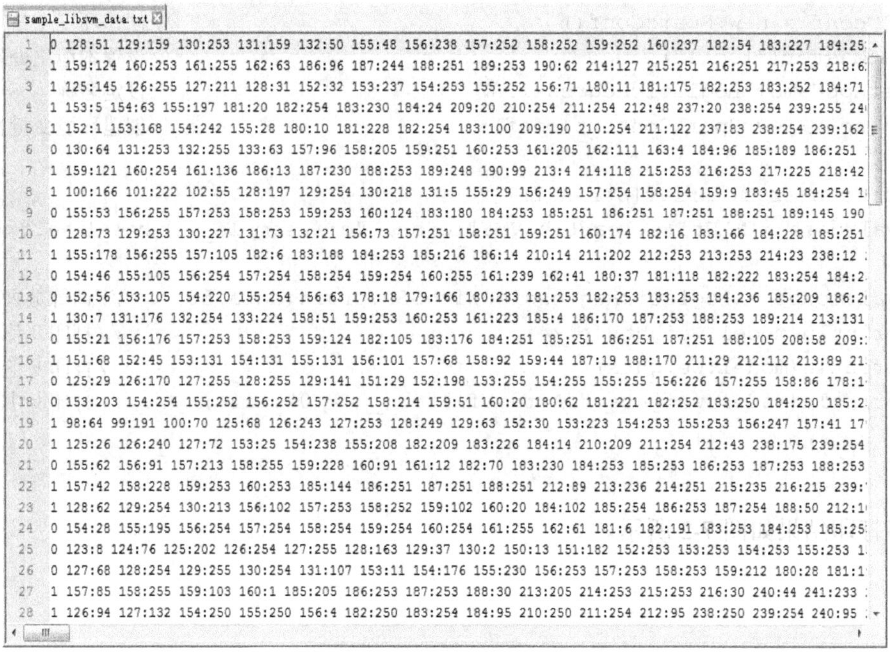
sample_libsvm_data.txt

```
0 128:51 129:159 130:253 131:159 132:50 155:48 156:238 157:252 158:252 159:252 160:237 182:54 183:227 184:25
1 159:124 160:253 161:255 162:63 186:96 187:244 188:251 189:253 190:62 214:127 215:251 216:251 217:253 218:6
1 125:145 126:255 127:211 128:31 152:32 153:237 154:253 155:252 156:71 180:11 181:175 182:253 183:252 184:71
1 153:5 154:63 155:197 181:20 182:254 183:230 184:24 209:20 210:254 211:254 212:48 237:20 238:254 239:255 24
1 152:1 153:168 154:242 155:28 180:10 181:228 182:254 183:100 209:190 210:254 211:122 237:83 238:254 239:162
0 130:64 131:253 132:255 133:63 157:96 158:205 159:251 160:253 161:205 162:111 163:4 184:96 185:189 186:251
1 159:121 160:254 161:136 186:13 187:230 188:253 189:248 190:99 213:4 214:118 215:253 216:253 217:225 218:42
1 100:166 101:222 102:55 128:197 129:254 130:218 131:5 155:29 156:249 157:254 158:254 159:9 183:45 184:254 1
0 155:53 156:255 157:253 158:253 159:253 160:124 183:180 184:253 185:251 186:251 187:251 188:251 189:145 190
0 128:73 129:253 130:227 131:73 132:21 156:73 157:251 158:251 159:251 160:174 182:16 183:166 184:228 185:251
1 155:178 156:255 157:105 182:6 183:188 184:253 185:216 186:14 210:14 211:202 212:253 213:253 214:23 238:12
0 154:46 155:105 156:254 157:254 158:254 159:254 160:255 161:239 162:41 180:37 181:118 182:222 183:254 184:2
0 152:56 153:105 154:220 155:254 156:63 178:18 179:166 180:233 181:253 182:253 183:253 184:236 185:209 186:2
1 130:7 131:176 132:254 133:224 158:51 159:253 160:253 161:223 185:4 186:170 187:253 188:253 189:214 213:131
0 155:21 156:176 157:253 158:253 159:124 182:105 183:176 184:251 185:251 186:251 187:251 188:105 208:58 209:
1 151:68 152:45 153:131 154:131 155:131 156:101 157:68 158:92 159:44 187:19 188:170 211:29 212:112 213:89 21
0 125:29 126:170 127:255 128:255 129:141 151:29 152:198 153:255 154:255 155:255 156:226 157:255 158:86 178:1
0 153:203 154:254 155:252 156:252 157:252 158:214 159:51 160:20 180:62 181:221 182:252 183:250 184:250 185:2
1 98:64 99:191 100:70 125:68 126:243 127:253 128:249 129:63 152:30 153:223 154:253 155:253 156:247 157:41 17
1 125:26 126:240 127:72 153:25 154:238 155:208 182:209 183:226 184:14 210:209 211:254 212:43 238:175 239:254
0 155:62 156:91 157:213 158:255 159:228 160:91 161:12 182:70 183:230 184:253 185:253 186:253 187:253 188:253
1 157:42 158:228 159:253 160:253 185:144 186:251 187:251 188:251 212:89 213:236 214:251 215:235 216:215 239:
1 128:62 129:254 130:213 156:102 157:253 158:252 159:102 160:20 184:102 185:254 186:253 187:254 188:50 212:1
0 154:28 155:195 156:254 157:254 158:254 159:254 160:254 161:255 162:61 181:6 182:191 183:253 184:253 185:25
0 123:8 124:76 125:202 126:254 127:255 128:163 129:37 130:2 150:13 151:182 152:253 153:253 154:253 155:253 1
0 127:68 128:254 129:255 130:254 131:107 153:11 154:176 155:230 156:253 157:253 158:253 159:212 180:28 181:1
1 157:85 158:255 159:103 160:1 185:205 186:253 187:253 188:30 213:205 214:253 215:253 216:30 240:44 241:233
1 126:94 127:132 154:250 155:250 156:4 182:250 183:254 184:95 210:250 211:254 212:95 238:250 239:254 240:95
```

图 7-1　sample_libsvm_data.txt 中内容

在这里首先介绍一下 libSVM 的数据格式：

```
Label 1:value 2:value ….
```

Label 是类别的标识，比如图中的 0 或者 1，可根据需要自己随意定，比如 100，20，13。本例子由于是做的回归分析，那么其定义为 0 或者 1。

Value 是要训练的数据，从分类的角度来说就是特征值，数据之间使用空格隔开。而每个 ":" 用于标注向量的序号和向量值。例如数据：

```
1 1:12 3:7 4:1
```

指的是表示为 1 的那组数据集，第 1 个数据值为 12，第 3 个数据值为 7，第 4 个数据值为 1，第 2 个数据缺失。特征冒号前面的（姑且称做序号）可以不连续。这样做的好处可以减少内存的使用，并提高计算矩阵内积时的运算速度。

线性回归处理完整代码如程序 7-2 所示。

代码位置：//SRC//C07// LogisticRegression2.scala

程序 7-2　线性回归处理

```scala
import org.apache.spark.mllib.classification.LogisticRegressionWithSGD
import org.apache.spark.mllib.util.MLUtils
import org.apache.spark.{SparkConf, SparkContext}

object LogisticRegression2 {
  val conf = new SparkConf()                              //创建环境变量
  .setMaster("local")                                      //设置本地化处理
  .setAppName("LogisticRegression2 ")                      //设定名称
  val sc = new SparkContext(conf)                          //创建环境变量实例

  def main(args: Array[String]) {
    val data = MLUtils.loadLibSVMFile(sc, "c://sample_libsvm_data.txt") // 读
取数据文件
    val model = LogisticRegressionWithSGD.train(data,50)    //训练数据模型
    println(model.weights.size)                            //打印 θ 值
    println(model.weights)                                 //打印 θ 值个数
    println(model.weights.toArray.filter(_ != 0).size)      //打印 θ 中不为0的数
  }
}
```

最终打印结果如图 7-2 所示。

```
[0.0, 0.0, 0.0, 0.0, 0.0, 0.0, 0.0, 0.0, 0.0, 0.0, 0.0, 0.0, 0.0, 0.0, 0.0, 0.0, 0.0, 0.0, 0.0, 0.0, 0.0, 0.0, 0.0, 0.0, 0.0, 0.0, 0.0, 0.0, 0.0, 0.0, 0.0, 0.0, 0.0, 0.0, 0.0, 0.0, 0.0, 0.0, 0.0, 0.0,
0.0, 0.0, 0.0, 0.0, 0.0, 0.0, 0.0, 0.0, 0.0, 0.0, 0.0, 0.0, 0.0, 0.0, 0.0, 0.0, 0.0, 0.0, 0.0, 0.0, 0.0, 0.0, 0.0, 0.0, 0.0, 0.0, 0.0, 0.0, 0.0, 0.0, 0.0, 0.0, 0.0, 0.0, 0.0, 0.0, 0.0, 0.0, 0.0, 0.0, 0
.0, 0.0, 0.0, 0.0, 0.0, 0.0, 0.0, 0.0, 0.0, 0.0, 0.0, 0.0, 0.0, 0.0, 0.0, 0.0, 0.0, 0.0, 0.0, 0.0, 0.0, 0.0, 0.0, 0.0, 0.0, 0.0, 0.0, -0.28, -1.235, -0.285, 0.605, -0.095, -0.1, -
0.18, 0.335, 0.0, 0.0, 0.0, 0.0, 0.0, 0.0, 0.0, 0.0, 0.0, 0.0, 0.0, 0.0, 0.0, 0.0, 0.0, 0.0, 0.0, 0.0, 0.0, 0.425, 1.265, 0.345, -1.17, -0.795, -0.975, -2.29, -3.23, -5.48, -5.34, -
0.5064194552784014, 6.239878404509991, 11.261011121672189, 2.568169195809198, -
0.395, 0.0, 0.0, 0.0, 0.0, 0.0, 0.0, 0.0, 0.0, 0.0, 0.0, 0.0, 0.0, 0.0, 0.0, 0.41, 1.205, 0.9, -0.47, -4.295, -8.345, -6.04, -8.76, -16.05, -18.1504113489124, -
10.835472146657406, 0.8539949089401848, 0.33039409830358624, 5.085394098303586, -1.225657555198604, -2.58, -0.71, -0.425, -
0.07, 0.0, 0.0, 0.0, 0.0, 0.0, 0.0, 0.0, 0.0, 0.0, 0.875, 0.39, -1.55, -5.73, -12.67, -13.545, -15.36, -17.155, -14.895863229654802, -12.44596455922981, -
3.7296059016964156, -0.6746059016964137, -5.619605901696414, -5.570388067691212, -11.267262419018204, -5.549443774376403, -2.5588064850928007, -1.25, -
0.73, 0.0, 0.0, 0.0, 0.0, 0.0, 0.0, 0.0, 0.0, 0.0, -0.59, -2.275, -6.185, -11.13, -15.48, -21.695, -21.743209727639197, -19.54812564867301, -7.764194552784015, -
2.5396059016964125, 1.602019228038187, -10.273661608381603, -9.784605901696414, -17.874605901696413, -20.004605901696415, -7.349605901696415, -
2.234855123288804, -1.44, -1.25, 0.0, 0.0, 0.0, 0.0, 0.0, 0.0, 0.0, 0.0, -0.115, -2.405, -5.735, -11.24, -14.89, -24.345802431909803, -27.998681874296604, -
19.78777509750561, -12.199605901696417, 4.567615985491787, 13.290701102334793, 10.821378923448398, -1.541089170026006, -7.984605901696415, -
24.779605901696414, -29.659605901696413, -19.25754915713441, -6.750081063660005, -3.21, -1.315, 0.0, 0.0, 0.0, 0.0, 0.0, 0.0, 0.0, 0.0, -0.965, -4.785, -8.67, -
15.255, -20.205637289283604, -23.364379961325213, -29.62960590169641, -15.704605901696416, -
5.35954510395141, 14.632161089443198, 26.94, 24.405, 12.933253274775389, -0.9546059016964139, -25.029605901696414, -36.83071835294361, -
31.1166048638196, -18.7, -5.51, -2.04, 0.0, 0.0, 0.0, 0.0, 0.0, 0.0, 0.0, 0.0, -1.615, -7.135, -13.0822016212732, -15.927117542307007, -21.893001037876818, -
26.659605901696416, -25.910347535861213, -15.454689980662609, -
0.2144032425464002, 29.78, 43.105, 33.5091975680902, 20.939797340849985, 0.06039409830358666, -21.32676699113961, -39.5658024319098, -34.32, -24.42, -
10.77, -3.125, 0.0, 0.0, 0.0, 0.0, 0.0, 0.0, 0.0, 0.0, -4.275, -11.5366048638196, -13.693516731670409, -16.299605901696413, -24.329605901696414, -
25.520738618858612, -27.615, -14.985, 14.175, 45.14, 52.91, 38.664898670425, 23.280394098303585, 0.5375957195767849, -19.863064850928005, -33.255, -
32.995, -28.185, -16.16, -5.565, 0.0, 0.0, 0.0, 0.0, 0.0, 0.0, 0.0, 0.0, -6.8616048638196006, -11.391315110397208, -12.679605901696418, -22.999545103951416, -
32.22707701047701, -30.1844032425464, -22.8, -6.86, 26.99, 58.88, 59.69035055116739, 42.77420058339638, 19.405394098303585, -4.630121595490008, -17.975, -
30.725, -32.415, -29.445, -19.8, -7.81, 0.0, 0.0, 0.0, 0.0, 0.0, 0.0, 0.0, 0.0, -6.3704518807424035, -11.569605901696415, -20.68734348267821, -
32.515411348912394, -35.39, -27.75, -18.33, -0.715, 46.475, 66.4, 62.75349948106158, 40.045394098303596, 13.304200583396385, -10.280225940371203, -17.375, -
29.42, -33.26, -31.18, -19.9, -8.925, 0.0, 0.0, 0.0, 0.0, 0.0, 0.0, 0.0, 0.0, -0.095, -7.373887548752805, -19.849278631750206, -29.679012159549, -35.675, -31.66, -
21.395, -12.97, 12.545, 57.97, 69.2885805447216, 63.83121679612839, 30.005394098303587, 6.322305966154394, -10.0, -19.05, -28.56, -32.365, -27.785, -19.855, -
9.48, 0.0, 0.0, 0.0, 0.0, 0.0, 0.0, 0.0, 0.0, -0.17, -14.88, -26.89, -32.975, -37.9, -30.225, -18.165, -
3.445, 28.33, 64.25, 73.71265651732179, 55.67679328766698, 21.035394098303588, 0.3169959468169997, -9.89, -20.765, -30.255, -30.335, -25.95, -19.11, -
8.15, 0.0, 0.0, 0.0, 0.0, 0.0, 0.0, 0.0, 0.0, -0.265, -17.69, -29.18, -36.655, -37.52, -27.0, -
13.31, 6.65, 35.4, 63.19, 71.0292411152264, 46.33039409830359, 12.978519746976593, -1.0436008106366002, -12.855, -23.825, -30.775, -31.355, -21.84, -16.11, -
6.96, 0.0, 0.0, 0.0, 0.0, 0.0, 0.0, 0.0, 0.0, -1.365, -18.23, -29.99, -38.33, -36.675, -26.97, -
6.6, 17.045, 38.335, 62.5591975680902, 63.19843868331659, 37.31039409830359, 8.695535959708595, -5.445, -17.795, -27.06, -33.33, -27.925, -18.3, -13.74, -
5.51, 0.0, 0.0, 0.0, 0.0, 0.0, 0.0, 0.0, 0.0, -1.38, -15.925, -28.98, -40.18, -38.7, -
25.18, 0.86, 24.41, 41.845, 62.00049542787859, 54.05039409830359, 29.590394098303587, 2.4671813553581985, -16.375, -26.52, -30.8, -28.685, -20.1, -15.155, -
9.89, -3.31, 0.0, 0.0, 0.0, 0.0, 0.0, 0.0, 0.0, 0.0, -0.915, -11.605, -26.3, -39.355, -42.07, -
```

图 7-2 线性回归处理结果

其中为了更加便于显示，分别打印了 θ 中包含 0 和不包含 0 的个数，打印结果如下：

```
692
418
```

692 为 θ 中包含 0 值的个数，418 为不包含 0 的个数。

7.1.5 MLlib 逻辑回归验证

7.1.4 小节中，笔者使用了自带的例子进行逻辑回归曲线的处理。根据计算，获得了 θ 的个数在不包含 0 的情况下达到 418 个，如此多的数据通过人工手动进行验证是不可能的。因此需要一个可以自动对其进行验证的功能。

MLlib 中 MulticlassMetrics 类是对数据进行分类的类，其中包括各种方法。通过调用其中的 precision 方法可以对验证数据进行验证。全部代码如程序 7-3 所示。

代码位置：//SRC//C07// LogisticRegression3.scala

程序 7-3 逻辑回归验证

```
import org.apache.spark.mllib.classification.LogisticRegressionWithSGD
import org.apache.spark.mllib.regression.LabeledPoint
import org.apache.spark.mllib.util.MLUtils
import org.apache.spark.{SparkConf, SparkContext}
import org.apache.spark.mllib.evaluation.MulticlassMetrics

object LinearRegression3{
  val conf = new SparkConf()                        //创建环境变量
  .setMaster("local")                               //设置本地化处理
  .setAppName("LogisticRegression3")                //设定名称
```

```
    val sc = new SparkContext(conf)              //创建环境变量实例

  def main(args: Array[String]) {
    val data = MLUtils.loadLibSVMFile(sc, "c://sample_libsvm_data.txt") // 读
取数据集
    val splits = data.randomSplit(Array(0.6, 0.4), seed = 11L)//对数据集切分
    val parsedData = splits(0)                            //分割训练数据
    val parseTtest = splits(1)                            //分割测试数据
    val model = LogisticRegressionWithSGD.train(parsedData,50)//训练模型
    println(model.weights)                      //打印 θ 值
    val predictionAndLabels = parseTtest.map {   //计算测试值
      case LabeledPoint(label, features) =>      //计算测试值
      val prediction = model.predict(features)       //计算测试值
      (prediction, label)                          //存储测试和预测值
    }
    val metrics = new MulticlassMetrics(predictionAndLabels)      //创建验证类
    val precision = metrics.precision                    //计算验证值
    println("Precision = " + precision)          //打印验证值
  }
}
```

从上面代码中可以看到，data.randomSplit 将数据集切分为 60%的 parsedData 和 40%的 parseTtest 两部分，分别用作训练数据集和测试数据集。之后使用训练数据集对模型进行训练。

通过使用训练结束后的模型对测试机进行实际测试，predictionAndLabels 是一个预测值与实际值的 RDD 向量。之后再建立 MulticlassMetrics 类验证测试值和实际值之间的差异。

7.1.6 MLlib 逻辑回归实例：肾癌的转移判断

某研究人员在探讨肾细胞癌转移的有关临床病理因素研究中,收集了一批根治性肾切除术患者的肾癌标本资料，现从中抽取 26 例资料作为示例进行 logistic 回归分析（本例来自《卫生统计学》第四版第 11 章）。

数据说明：

y：肾细胞癌转移情况（有转移 y=1；无转移 y=0）；

x1：确诊时患者的年龄（岁）；

x2：肾细胞癌血管内皮生长因子（VEGF），其阳性表述由低到高共 3 个等级；

x3：肾细胞癌组织内微血管数（MVC）；

x4：肾癌细胞核组织学分级，由低到高共 4 级；

x5：肾细胞癌分期，由低到高共 4 期。

数据位置：//DATA//D07//wa2.txt

```
y x1 x2 x3 x4 x5
```

```
0 1:59 2:2 3:43.4 4:2 5:1
0 1:36 2:1 3:57.2 4:1 5:1
0 1:36 2:1 3:57.2 4:2 5:1
1 1:61 2:2 3:190 4:2 5:1
0 1:59 2:2 3:43.4 4:2 5:1
0 1:36 2:1 3:57.2 4:1 5:1
0 1:61 2:2 3:190 4:2 5:1
1 1:58 2:3 3:128 4:4 5:3
1 1:55 2:3 3:80 4:3 5:4
0 1:61 2:1 3:94.4 4:2 5:1
0 1:38 2:1 3:76 4:1 5:1
1 1:36 2:3 3:31.6 4:3 5:1
0 1:42 2:1 3:66.2 4:2 5:1
1 1:14 2:3 3:138.6 4:3 5:3
0 1:32 2:1 3:114 4:2 5:3
0 1:35 2:1 3:40.2 4:2 5:1
1 1:70 2:3 3:177.2 4:4 5:3
1 1:65 2:2 3:51.6 4:4 5:4
0 1:45 2:2 3:124 4:2 5:4
1 1:68 2:3 3:127.2 4:3 5:3
0 1:31 2:2 3:124.8 4:2 5:3
```

将数据建立在一个名为 wa2.txt 的文件夹中作为数据源。根据前期分析，对胃癌数据训练逻辑回归模型。在计算患者的扩散机率之前，可以使用统计类进行数据分析。具体程序如程序 7-4 所示。

代码位置：//SRC//C07// LogisticRegression4.scala

程序 7-4　逻辑回归

```scala
import org.apache.spark.mllib.classification.LogisticRegressionWithSGD
import org.apache.spark.mllib.evaluation.MulticlassMetrics
import org.apache.spark.mllib.linalg.Vectors
import org.apache.spark.mllib.regression.LabeledPoint
import org.apache.spark.mllib.util.MLUtils
import org.apache.spark.{SparkContext, SparkConf}

object GastriCcancer {
  def main(args: Array[String]) {
    val conf = new SparkConf()                        //创建环境变量
    .setMaster("local")                               //设置本地化处理
    .setAppName("LogisticRegression4")                //设定名称
    val sc = new SparkContext(conf)                   //创建环境变量实例

    val data = MLUtils.loadLibSVMFile(sc, "c://wa2.txt")        //获取数据集
```

```
val splits = data.randomSplit(Array(0.7, 0.3), seed = 11L)  //对数据集切分
val parsedData = splits(0)                                //分割训练数据
val parseTtest = splits(1)                                //分割测试数据
val model = LogisticRegressionWithSGD.train(parsedData,50)//训练模型

val predictionAndLabels = parseTtest.map {                //计算测试值
  case LabeledPoint(label, features) =>                   //计算测试值
  val prediction = model.predict(features)                //计算测试值
  (prediction, label)                                     //存储测试和预测值
}

val metrics = new MulticlassMetrics(predictionAndLabels)  //创建验证类
val precision = metrics.precision                         //计算验证值
println("Precision = " + precision)                       //打印验证值

val patient = Vectors.dense(Array(70,3,180.0,4,3))  //计算患者可能性
if(patient == 1) println("患者的肾癌有几率转移。")  //做出判断
  else println("患者的肾癌没有几率转移。")          //做出判断
  }
}
```

 在本例中使用的是 SGD 梯度下降方法，读者可以使用 LBFGS 算法重新构建模型并与之进行比较。

7.2 支持向量机详解

支持向量机是数据挖掘中的一个新方法，可以非常成功地处理回归（时间序列分析）和模式识别（分类问题、判别分析）等诸多问题，并可推广到预测和综合评价等领域，因此可应用于理科、工科和管理等多种学科。

MLlib 中对支持向量机算法有较好的支持，用来解决一般线性回归和逻辑回归不好处理的数据分类内容，结果验证其准确性较好。

7.2.1 三角还是圆

本文的讲解从一张图开始，如图 7-3 所示。

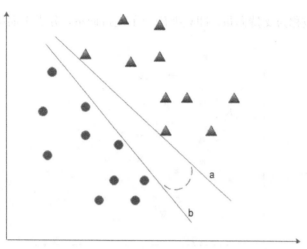

图 7-3　圆与三角分类图

三角和圆形是一个二维平面图中被区分的两个不同类别，其分布如图 7-3 所示。现在问题来了，想按一定的模式对其进行划分，那么划分的边界在哪里？

从图中可以看到，a 线和 b 线分别是可以满足划分的边界线，它们都可以将三角和圆正确划分出来。除此之外，还可以有无数条直线可以将其分开，但是如果要选择一条能够完全反应三角和圆的最优化边界，就需要使用支持向量机。

所谓最优边界指的是能够最公平划分上下区间的线段，按正常理解，如果能够找到一条在 a 线和 b 线正中间的那条线，则可以将其划分，如图 7-4 所示。

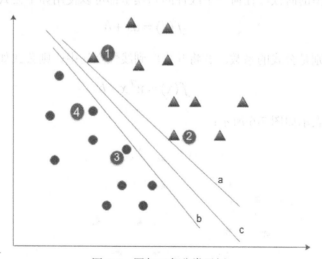

图 7-4　圆与三角分类示例

而至于公平线（c 线）的确定，是由 a 线和 b 线共同确定。即 a 线和 b 线给定后，c 线就可以确定。此种方法的好处在于只要 a 线和 b 线确定，则分类平面确定，其中的改变不受任何数据和噪音的干扰。

请读者继续看图 7-4，其中表明了 4 个点，据此可以确定 a 线和 b 线，这 4 个关键的点，在支持向量机中就被称为支持向量。即只要确定了支持向量，分类平面即可唯一地确定，如图 7-5 所示。

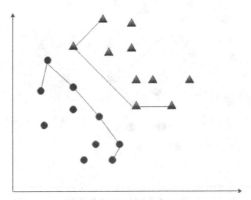

图 7-5　支持向量机分类后的圆与三角示意图

这种通过找到支持向量从而获得分类平面的方法，称为支持向量机。因此支持向量机的目的就是，通过划分最优的平面从而使不同的类别分开。

7.2.2　支持向量机的数学基础

经过上一小节的讲解，相信读者对支持向量机的模型和原理有了一个大概的了解。下面将讲解支持向量机的数学基础。

在讲解线性模型的时候，任何一个线性回归模型都可以使用如下公式来表达，即：

$$f(\mathrm{x}) = ax + b$$

其中 a 和 b 分别是公式的系数。若将其推广到线性空间中，则公式如下：

$$f(\mathrm{x}) = w^T x + b$$

用图形的形式表示如图 7-6 所示：

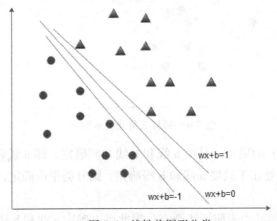

图 7-6　线性将图形分类

这里人为地将图形分成三部分，当 f(x)=0 时，可以将 x 认为属于分割面上的点。而当 f(x)>0时，可以将其近似地认为 f(x)=1，从而将其确定为三角形的分类。以此类推，当 f(x)<0 时，可以将其认为 f(x)=-1 而将其归为圆形的类。

通过上述方法，支持向量机模型最终转化为一般的代数计算问题，将 x 的值带入公式计算 f(x) 的值从而判断 x 所属的位置。

下面的问题就转化为求方程系数的问题。即如何求得公式中 w 和 b 的大小从而确定公式。此类方法和线性回归求极值的方法类似，但是过于复杂，本书不再进行探讨，有兴趣的读者可以自行查阅资料学习。

7.2.3　支持向量机使用示例

首先是对于训练模型的解读，代码如下：

```
def train(input: RDD[LabeledPoint], numIterations: Int): SVMModel = {
```

与其他训练模型一样，LabeledPoint 是最基本的数据结构，可以使用 MLUtils.loadLibSVMFile 方法读取特定的数据；numIterations 是迭代的次数，根据配置资源的情况可以自行设定。

这里使用的数据如 7.1.2 小节所示。同样读取在 C 盘下建立的文件 u.txt 作为本次的数据集。完整代码如程序 7-5 所示。

代码位置：//SRC//C07// SVM.scala

程序 7-5　支持向量机

```
import org.apache.spark.mllib.classification.SVMWithSGD
import org.apache.spark.mllib.linalg.Vectors
import org.apache.spark.mllib.regression.LabeledPoint
import org.apache.spark.{SparkConf, SparkContext}

object SVM {
  def main(args: Array[String]) {
    val conf = new SparkConf()                          //创建环境变量
    .setMaster("local")                                 //设置本地化处理
    .setAppName("SVM")                                  //设定名称
    val sc = new SparkContext(conf)                     //创建环境变量实例
    val data = sc.textFile("c:/u.txt")                  //获取数据集路径
    val parsedData = data.map { line =>                 //开始对数据集处理
      val parts = line.split('|')                       //根据逗号进行分区
      LabeledPoint(parts(0).toDouble,
Vectors.dense(parts(1).map(_.toDouble))
    }.cache()                                           //转化数据格式
    val model = SVMWithSGD.train(parsedData, 10)        //训练数据模型
    println(model.weights)                              //打印权重
    println(model.intercept)                            //打印截距
  }
}
```

为了简便起见本例子使用了常用的数据模型，这里读者可以根据需要使用 LabeledPoint 特定的数据格式建立和读取相应的数据。

7.2.4 使用支持向量机分析肾癌转移

在逻辑回归的讲解中，我们使用了逻辑回归分析了胃癌转移和扩散的可能性。这里将使用支持向量机来分析肾癌转移的机率。

首先是对于数据的处理，因为在 MLlib 中，数据的格式是通用的，因此可以使用类似的数据读取方式来训练相关数据。

对于数据结果的验证，同样可以使用验证方式对数据结果进行验证。具体代码如程序 7-6 所示。

代码位置：//SRC//C07// SVMTest.scala

程序 7-6　使用支持向量机分析肾癌转移

```scala
import org.apache.spark.mllib.classification. SVMWithSGD
import org.apache.spark.mllib.evaluation.MulticlassMetrics
import org.apache.spark.mllib.linalg.Vectors
import org.apache.spark.mllib.regression.LabeledPoint
import org.apache.spark.mllib.util.MLUtils
import org.apache.spark.{SparkContext, SparkConf}

object GastriCcancer {
  def main(args: Array[String]) {
    val conf = new SparkConf()                       //创建环境变量
    .setMaster("local")                              //设置本地化处理
    .setAppName("SVMTest ")                          //设定名称
    val sc = new SparkContext(conf)                  //创建环境变量实例

    val data = MLUtils.loadLibSVMFile(sc, "c://wa.txt")      //获取数据集
    val splits = data.randomSplit(Array(0.7, 0.3), seed = 11L) //对数据集切分
    val parsedData = splits(0)                        //分割训练数据
    val parseTtest = splits(1)                        //分割测试数据
    val model = SVMWithSGD.train(parsedData,50)      //训练模型
    val predictionAndLabels = parseTtest.map {       //计算测试值
    case LabeledPoint(label, features) =>            //计算测试值
    val prediction = model.predict(features)         //计算测试值
      (prediction, label)                            //存储测试和预测值
    }

    val metrics = new MulticlassMetrics(predictionAndLabels)//创建验证类
    val precision = metrics.precision                //计算验证值
    println("Precision = " + precision)              //打印验证值

    val patient = Vectors.dense(Array(70,3,180.0,4,3))       //计算患者可能性
    if(patient == 1) println("患者的肾癌有机率转移。")        //做出判断
      else println("患者的肾癌没有机率转移。")               //做出判断
```

```
    }
  }
```

请读者在验证模型的时候与逻辑分类交替试验。观察对于非线性模型的分类、逻辑回归和
支持向量机各有何种优势。

7.3　朴素贝叶斯详解

贝叶斯方法是统计分析中一个最基本的数据分析方法，这种方法是基于假设的先验概率、
给定假设下观察到不同数据的概率，以及观察到的数据本身而得出的。其方法为，将关于未知
参数的先验信息与样本信息综合，再根据贝叶斯公式，得出后验信息，然后根据后验信息去推
断未知参数的方法。

MLlib 中也采用贝叶斯算法对数据进行分类处理，本节将介绍贝叶斯算法的理论基础，并
使用贝叶斯算法对数据进行分类处理。

本节中公式使用较多，我们尽量使用通俗的语言描述，如果读者只是想使用贝叶斯方法处
理数据可以直接跳过公式定理部分。

7.3.1　穿裤子的男生 or 女生

Wikipedia 上有一个例子。一所学校里面有 40 个男生，40 个女生。男生里 10 个穿长裤、
30 个穿短裤，女生则 20 个穿长裤、20 个穿裙子。假设你走在校园中，迎面走来一个穿长裤的
学生（很不幸的是你高度近似，你只看得见他（她）穿的是否长裤，而无法确定他（她）的性
别），你能够推断出他（她）是男生的概率是多大吗？如图 7-7 所示。

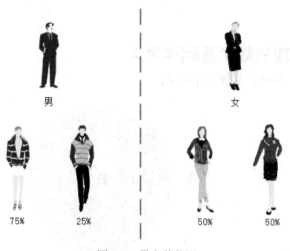

图 7-7　男女着装图

为了方便计算，这里笔者使用符号，B 代表男生，而 G 代表女生。男生女生在人数上一样，因此这里可以认为 $P(B)=P(G)$，即在没有确认人数的时候，男生和女生被认定的概率是一样的。因此 $P(B)=P(G)=0.5$，这个概率有一个专有名词叫做"先验概率"。

继续假定。用 T 来表示穿裤子的学生。所以整个问题就转化为在已知 T 的情况下，这个穿裤子的学生是男生的概率有多大？用数学方法表示即为 $P(T|B)$ 是多少？而这个概率叫做"后验概率"。

 下面内容公式可参考 7.3.2 小节贝叶斯数学基础学习。

因此根据条件概率公式，可以得到如下推断：

$$P(B|T) = P(B)\frac{P(T|B)}{P(T)}$$

这个公式表明在概率上，穿裤子的男生和男生穿裤子的在数量是一样的。

因此，如果想解决这个问题，就转化为求得 $P(B)$、$P(T|B)$、$P(T)$ 的问题。而前面已经说了，$P(B)$ 为男生或者女生概率，因为男生和女生都是 40 人，所以都是 0.5 的值。而 $P(T|B)$ 为男生穿裤子的概率，其值为 0.25。而 $P(T)$ 是全部学生穿裤子的概率，利用全概率公式可以得到：

$$P(T) = P(T|B)P(B) + P(T|G)P(G) = 0.25 \times 0.5 + 0.5 \times 0.5 = 0.375$$

因此 $P(B|T)$ 的计算如下：

$$P(B|T) = P(B)\frac{P(T|B)}{P(T)} = 0.5 \times \frac{0.25}{0.375} \approx 0.33$$

即穿裤子的是男生的概率是 0.33，而穿裤子的是女生的概率为 0.67。可以判定前方是女生的概率较大。

7.3.2　贝叶斯定理的数学基础和意义

这里复习一下概率基础，如图 7-8 所示：

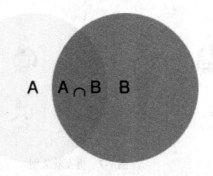

图 7-8　概率交集

图 7-8 中条件概率的公式用数学形式表示为：

$$p(AB) = P(B)P(B\,|\,A) = P(A)P(A\,|\,B)$$

即可以将 AB 共同发生的概率由 A 发生的条件下 B 发生的概率与 A 概率相乘获得。这里将条件概率进行转换，可以得到：

$$p(A\,|\,B) = \frac{P(B)P(B\,|\,A)}{P(A)}$$

更进一步地将贝叶斯公式进行推广，假设一个事件 A 发生的概率是由一系列的因素 $(V_1, V_2, V_3, V_4, V_5, V_6 \dots V_n)$ 决定，则可以将事件 A 用全概率公式可以得到：

$$p(A) = P(A\,|\,V_1)P(V_1) + P(A\,|\,V_2)P(V_2) + \cdots + P(A\,|\,V_n)P(V_n)$$

这里 $P(A|V_n)P(V_n)$ 指的是在因素 V_n 发生的情况下，A 发生的概率。结合条件概率公式，可以得到贝叶斯公式：

$$P(V_n\,|\,A) = \frac{P(A\,|\,V_n)P(V_n)}{P(A\,|\,V_1)P(V_1) + P(A\,|\,V_2)P(V_2) + \dots + P(A\,|\,V_n)P(V_n)} = \frac{P(A\,|\,V_n)P(V_n)}{\sum P(A\,|\,V_n)P(V_n)}$$

其中 $P(V_n|A)$ 为所求的概率，即为"后验概率"，指的是事件 A 发生之后，对 A 事件发生的概率而进行的依次重新估计。

7.3.3　朴素贝叶斯定理

何为朴素贝叶斯定律？

举个例子，你走在大学校园中，看到一个年轻的男生或者女生，如果让你回答这个男生或者女生是干什么的，我觉得你一定会猜他就是这个大学的学生。为什么呢？因为在校园中，遇见男学生或者女学生的比率最大，你肯定会这样猜。即使也有别的可能性，但是你会朴实地选择可能性最大的那个选择。这就是朴素贝叶斯定理所要揭示的规律。

朴素贝叶斯的数学表达可以如下定义：

$V=(v_1, v_2, v_3, \dots v_n)$ 是一个待分项，而 V_n 为 V 的每个特征向量；

$B=(b_1, b_2, b_3, \dots b_n)$ 是一个分类集合，b_n 为每个具体的分类；

如果需要测试某个 V_n 归属于 B 集合中的哪个具体分类，则需要计算 $P(b_n|V)$，即在 V 发生的条件下，归属于 $b_1, b_2, b_3, \dots b_n$ 中哪个可能性最大。即：

$$P(b_n\,|\,V) = \max(P(b_1\,|\,V), P(b_2\,|\,V), P(b_3\,|\,V) \dots P(b_n\,|\,V))$$

因此，这个问题转变成求每个待分项分配到集合中具体分类的概率是多少。而这个具体概率的求法可以使用贝叶斯定律：

$$p(b_n \mid V) = \frac{P(b_n)P(V \mid b_n)}{P(V)}$$

而分子条件概率的求法可由如下公式求得：

$$P(b_n)P(V \mid b_n) = P(V_1 \mid b_n)P(V_2 \mid b_n)...P(V_n \mid b_n)P(b_n) = \prod P(V_n \mid b_n)P(b_n)$$

此为朴素贝叶斯计算公式。

7.3.4　MLlib 朴素贝叶斯使用示例

MLlib 中贝叶斯方法主要是作为分类器进行使用，其目的是根据向量的不同对其进行分类处理。

首先是数据格式。这里采用 MLlib 中自带的数据进行处理，其格式如下：

数据位置：//DATA//D07//bayes.txt

```
0,1 0 0
0,2 0 0
1,0 1 0
1,0 2 0
2,0 0 1
2,0 0 2
```

其中第一列是每行的标签，表示根据后面的若干个向量分类的最终结果。实例代码如程序 7-7 所示。

代码位置：//SRC//C07// Bayes.scala

程序 7-7　MLlib 朴素贝叶斯使用示例

```scala
import org.apache.spark.mllib.util.MLUtils
import org.apache.spark.{SparkContext, SparkConf}
import org.apache.spark.mllib.classification.{NaiveBayes, NaiveBayesModel}
import org.apache.spark.mllib.linalg.Vectors
import org.apache.spark.mllib.regression.LabeledPoint

object Bayes {
  def main(args: Array[String]) {

    val conf = new SparkConf()                          //创建环境变量
    .setMaster("local")                                 //设置本地化处理
    .setAppName("Bayes ")                               //设定名称
    val sc = new SparkContext(conf)                     //创建环境变量实例
    val data = MLUtils.loadLabeledPoints(sc,"c://bayes.txt")//读取数据集
    val model = NaiveBayes.train(data, 1.0)             //训练贝叶斯模型
    model.labels.foreach(println)                       //打印 label 值
```

```
    model.pi.foreach(println)                                    //打印先验概率
  }
}
```

打印结果如下：

```
2.0
0.0
1.0
-1.0986122886681098
-1.0986122886681098
-1.0986122886681098
```

其中需要说明的是，训练模型主要有三个变量，labels 是标签类别，pi 存储各个 label 的先验概率，theta 是各个类别中的条件概率。而预测部分可以使用如下代码完成：

```
val test = Vectors.dense(0,0,10)
val result = model.predict(test)
```

结果请读者自行打印测试。

7.3.5　MLlib 朴素贝叶斯实战："僵尸粉"的鉴定

"僵尸粉"一般是指微博上的虚假粉丝，花钱就可以买到"关注"，有名无实的微博粉丝，它们通常是由系统自动产生的恶意注册的用户。手机用户注册时，僵尸粉是由系统自动产生关注。

由于"僵尸粉"并不能真实地反应微博的关注程度，同时可能会被某些网络公司利用为谋财的手段，因此需要大力清除。但是由于其数量众多，生成时往往随机或者有规律地生成某些特定虚假信息，而且此类信息又拥有完整的注册内容，并不容易将其与正常的微博用户进行区分。

首先第一步需要对正常用户和虚假用户标记不同的标签，本例中，正常用户标记为 1，而虚假的用户被标记为 0。

其次是计算向量的设置。这里需要选择根据微博使用的特征所转化的向量。由于微博用户的使用有一定的规律，例如会经常发微博记录或者有大量感兴趣的其他关注，因此可以使用发帖数与注册时间的比值作为第一个参考向量，同时使用关注用户的数量与注册天数的比值作为第二个参考向量。同时对于正常的微博用户，还应注册手机作为接收信息使用，因此可以使用是否填写手机作为用户向量的一个判断标准。

即可得以下向量：

```
V = (v1,v2,v3)
v1 = 已发微博/注册天数;
v2 = 好友数量/注册天数;
v3 = 是否有手机;
```

其中由于 V1 和 V2 都是一系列的连续数值构成，我们可以对其进行人为的划分，即：

```
已发微博/注册天数 < 0.05, V1 = -1
0.05 <= 已发微博/注册天数 < 0.75, V1 = 0
已发微博/注册天数 >= 0.75, V1 = 1
```

因此可以将 v1 的向量表示为(-1,0,1)，而 v2 的向量也可以如此表示。对于 v3 用-1 表示为不使用手机而 1 表示使用手机。

对于数据集的获取，这里采用人工判定的 2 万个数据作为数据集。经过归并计算，其格式如图 7-9 所示：

数据位置：//DATA//D07//data.txt

```
data.txt ☒
 1  0,1.0 1.0 0
 2  1,-2.0 -1.0 1
 3  1,-1.0 -2.0 1
 4  1,-2.0 -1.0 1
 5  0,0.0 0.0 1
 6  1,-2.0 -2.0 0
 7  0,1.0 0.0 0
 8  1,-2.0 -2.0 0
 9  1,-1.0 -2.0 1
10  1,-1.0 -1.0 1
11  0,1.0 0.0 0
12  0,0.0 0.0 1
```

图 7-9　数据集格式

对于此格式的读取可以采用 MLUtils.loadLabeledPoints 方法将其判断成 LabeledPoint 格式进行处理。之后对数据集进行处理将其分割成 70%的训练数据和 30%的测试数据，最后使用通过训练的贝叶斯模型计算测试数据，并将结合真实数据进行比较从而获得模型的验证。具体代码如程序 7-8 所示。

代码位置：//SRC//C07// BayesTest.scala

程序 7-8　"僵尸粉"的鉴定

```scala
import org.apache.spark.{SparkConf, SparkContext}
import org.apache.spark.mllib.classification.NaiveBayes
import org.apache.spark.mllib.linalg.Vectors
import org.apache.spark.mllib.regression.LabeledPoint


object Bayes {

  def main(args: Array[String]) {
    val conf = new SparkConf()                      //创建环境变量
    .setMaster("local")                             //设置本地化处理
    .setAppName("BayesTest ")                       //设定名称
```

```
    val sc = new SparkContext(conf)              //创建环境变量实例
    val data = MLUtils.loadLabeledPoints(sc,"c://data.txt")//读取数据集
    val data = file.map { line =>                //处理数据
      val parts = line.split(',')                //分割数据
      LabeledPoint(parts(0).toDouble,            //标签数据转换
      Vectors.dense(parts(1).split(' ').map(_.toDouble)))   //向量数据转换
    }

    val splits = data.randomSplit(Array(0.7, 0.3), seed = 11L)//对数据进行分配
    val trainingData = splits(0)                 //设置训练数据
    val testData = splits(1)                     //设置测试数据
    val model = NaiveBayes.train(trainingData, lambda = 1.0)    //训练贝叶斯模型

    val predictionAndLabel = testData.map(p => (model.predict(p.features),
p.label)) //验证模型
    val accuracy = 1.0 * predictionAndLabel.filter( //计算准确度
      label => label._1 == label._2).count()    //比较结果
    println(accuracy)                            //打印准确度
  }
}
```

具体结果请读者自行计算测试。

7.4   小结

本章向读者介绍了 MLlib 中使用的多种分类方法的理论基础和应用示例。其中逻辑回归和支持向量机是常用的分类方法，比较而言对于多元的线性回归分类，由于逻辑回归在算法上有一点的欠缺，因此使用支持向量机对进行多元的数据进行分类，可以较好地达成拟定的分类任务，其过拟合和欠拟合现象较少，这个请读者在后续的试验中自行测试。

朴素贝叶斯目前常用于文本分类的工作，由于模型简单，程序编写容易，运行速度快等多项优点，它被广泛地应用在现实中，分类结果也较为理想。

本章主要介绍各种分类算法，即无监督的机器学习方法。除此之外，还有决策树等方法，在下一章中，将介绍决策树的理论和方法，以及基于其上的分布式决策方法"随机雨林"，这将帮助读者更多更好地掌握数据分类技术。

117

第 8 章
◀ 决策树与保序回归 ▶

常用数据分类方法除了上一章介绍的几种方法之外,还有一个比较有效和常用的方法——决策树,它也是一个分类算法的分支。

决策树是一种监管学习,所谓监管学习就是给定一堆样本,每个样本都有一组属性和一个类别,这些类别是事先确定的,那么通过学习得到一个分类器,这个分类器能够对新出现的对象给出正确的分类。目前决策树是分类算法中应用较多的算法之一,其原理是从一组无序无规律的因素中归纳总结出符合要求的分类规则。

随机雨林顾名思义,是决策树的一种大规模应用形式,其充分利用了大规模计算机并发计算的优势,可以对数据进行并行地处理和归纳分类。本章也将介绍这部分内容。

决策树分类算法的一个非常突出的优点就是程序设计人员和使用者不需要掌握大量的基础知识和相关内容,计算可以自行归纳完成。任何一个只要符合 key-value 模式的分类数据都可以根据决策树进行推断,应用非常广泛。

本章最后部分会介绍保序回归的原理和使用示例,这是大规模数据处理的一种方法。

本章主要知识点:

- 决策树的概念及应用
- 随机雨林的概念及应用
- 保序回归的应用

8.1 决策树详解

决策树是在已知各种情况发生概率的基础上,通过构成决策树来求取净现值的期望值大于等于零的概率,评价项目风险,判断其可行性的决策分析方法,是直观运用概率分析的一种图解法。由于这种决策分支画成的图形很像一棵树的枝干,故称决策树。本章主要介绍决策树的构建算法和运行示例。

8.1.1　水晶球的秘密

相信读者都玩过这样一个游戏。一个神秘的水晶球摆放在桌子中央，一个低层的声音（一般是女性）会问你许多如下问题。

问：你在想一个人，让我猜猜这个人是男性？

答：不是的。

问：这个人是你的亲属？

答：是的。

问：这个人比你年长。

答：是的。

问：这个人对你很好

答：是的。

那么聪明的读者也应该能猜得出来，这个问题的最终答案是："母亲"。这是一个常见的游戏，但是如果将其作为一个整体去研究的话，整个系统的结构如图 8-1 所示。

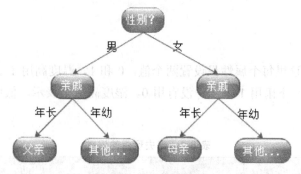

图 8-1　水晶球的秘密

如果读者使用过项目流程图的话，那么可以看到，系统最高处代表根节点是系统的开始。而整个系统类似于一个项目分解流程图，其中每个分支和树叶代表一个分支向量，每个节点代表一个输出结果或分类。

决策树用来预测的对象是固定的，从根到叶节点的一条特定路线就是一个分类规则，决定这一个分类算法和结果。

由上图可以看到，决策树的生成算法是从根部开始，输入一系列带有标签分类的示例（向量），从而构造出一系列的决策节点。这些节点又称为逻辑判断，表示该属性的某个分支（属性），供下一步继续判定，一般有几个分支就有几条有向的线作为类别标记。

8.1.2　决策树的算法基础：信息熵

首先介绍决策树的理论基础，即信息熵。

信息熵，指的是对事件中不确定的信息的度量。一个事件或者属性中，其信息熵越大，其含有的不确定信息越大，对数据分析的计算也越有益。因此，信息熵的选择总是选择当前事件中拥有最高信息熵的那个属性作为待测属性。

那么，问题来了，如何计算一个属性中所包含的信息熵？

在一个事件中，需要计算各个属性的不同信息熵，需要考虑和掌握的是所有属性可能发生的平均不确定性。如果其中有 n 种属性，其对应的概率为：P_1, P_2, P_3, ..., P_n，且各属性之间出现时彼此相互独立无相关性，此时可以将信息熵定义为单个属性的对数平均值。即：

$$E(\mathrm{P}) = \mathrm{E}(-\log p_i) = -\sum p_i \log p_i$$

为了更好地解释信息熵的含义，这里笔者举一个例子，如例 8-1 所示。

【例 8-1】

小明喜欢出去玩，大多数的情况下他会选择天气好的条件下出去，但是有时候也会选择天气差的时候出去，而天气的标准有又如下 4 个属性：

- 温度
- 起风
- 下雨
- 湿度

为了简便起见，这里每个属性只设置两个值，0 和 1。温度高用 1 表示，低用 0。起风是用 1 表示，没有用 0。下雨用 1 表示，没有用 0。湿度高用 1 表示，低用 0。表 8-1 给出了一个具体的记录。

表 8-1   出去玩否的记录

温度（temperature）	起风（wind）	下雨（rain）	湿度（humidity）	出去玩（out）
1	0	0	1	1
1	0	1	1	0
0	1	0	0	0
1	1	0	0	1
1	0	0	0	1
1	1	0	0	1

本例子需要分别计算各个属性的熵，这里以是否出去玩的熵计算为例，演示计算过程。

根据公式首先计算出去玩的概率，其有 2 个不同的值，0 和 1。其中 1 出现了 4 次而 0 出现了 2 次。因此可以根据公式得到：

$$p_1 = \frac{4}{2+4} = \frac{4}{6}$$

$$p_2 = \frac{2}{2+4} = \frac{2}{6}$$

$$E(o) = -\sum p_i \log p_i = -\left(\frac{4}{6}\log_2\frac{4}{6}\right) - \left(\frac{2}{6}\log_2\frac{2}{6}\right) \approx 0.918$$

即出去玩（out）的信息熵为 0.918。与此类似，可以计算不同属性的信息熵。即：

```
E(t) = 0.809
E(w) = 0.459
E(r) = 0.602
E(h) = 0.874
```

 在何种情况下，一个属性的信息熵是最大的。例如一个比赛，甲乙获胜的概率分别是 p 和 $1-p$，使用信息熵计算可以得到任何一方获胜的信息熵为 $-(p\log p + (1-p)\log(1-p))$，利用微分求导最大值可以得到：当 $p=1/2$ 时，熵取得最大值为 2。即两者势均力敌的时候所产生不确定性最大！

8.1.3　决策树的算法基础——ID3 算法

ID3 算法是基于信息熵的一种经典决策树构建算法。根据百度百科的解释，ID3 算法是一种贪心算法，用来构造决策树。ID3 算法起源于概念学习系统（CLS），以信息熵的下降速度为选取测试属性的标准，即在每个节点选取还尚未被用来划分的、具有最高信息增益的属性作为划分标准，然后继续这个过程，直到生成的决策树能完美分类训练样例。

因此可以说，ID3 算法的核心就是信息增益的计算。

信息增益顾名思义，指的是一个事件中前后发生的不同信息之间的差值。换句话说，在决策树的生成过程中，属性选择划分前和划分后不同的信息熵差值。用公式可表示为：

$$Gain(P_1,P_2)=E(P_1)-E(P_2)$$

表 8-1 中最终决策时要求确定小明是否出去玩，因此可以将出去玩的信息熵作为最后的数值，而每个不同的属性与其相减从而获得对应的信息增益，结果如下：

```
Gain(o,t) = 0.918 - 0.809 = 0.109
Gain(o,w) = 0.918 - 0.459 = 0.459
Gain(o,r) = 0.918 - 0.602 = 0.316
Gain(o,h) = 0.918 - 0.874 = 0.044
```

上面结果中，0.918 是最后的信息熵，减数是不同的属性值。通过计算可以知道，信息增益最大的是"起风"，它首先被选中作为决策树根节点，之后对于每个次属性，继续引入分支节点，由此可得到一个新的决策树，如图 8-2 所示。

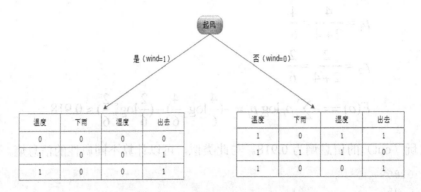

图 8-2　第一个增益决定后的分步决策树

上图中决策树左边节点是属性中 wind 为 1 的所有其他属性，而 wind 属性为 0 的属性被分成另外一个节点。之后继续仿照计算信息增益的方法，依次对左右的节点进行递归计算，最终结果如图 8-3 所示。

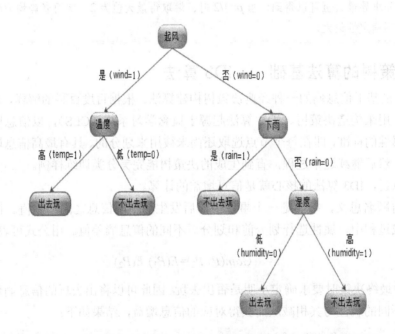

图 8-3　出去玩的决策树

从上图可以看到，根据信息增益的计算，我们很容易构建一个将信息熵降低的决策树，从而使得不确定性达到最小。

8.1.4　MLlib 中决策树的构建

MLlib 中决策树是一种典型的回归算法，与前面介绍的线性回归和逻辑回归算法不同，它在处理数据缺失和非线性方面有较多的应用价值，能够应付更多的情况。

首先介绍 MLlib 中决策树的信息增益计算。

MLlib 中决策树的构建采用的是传统的递归方式，通过不停地从根节点进行生长，直到决策树的需求的信息增益满足一定条件为止，具体信息增益公式如下：

$$Gain(P_1, P_2) = E(P_1) - \frac{P_{2left}}{P_1} E(P_{2left}) - \frac{P_{2right}}{P_1} E(P_{2right})$$

公式中 P_{2left} 和 P_{2right} 是待计算的属性，分属于左节点和右节点的个数，通过计算可得到他们最大的信息增益度。

其次是 MLlib 中决策树的样本中连续属性的划分。

前面在介绍信息增益的计算方法时，其属性均为非连续性属性，而对于 MLlib 来说，实际应用中会有大量的连续属性。解决办法就是在计算时根据需要将数据划分成若干个部分进行处理。这些被划分的若干个部分在 MLlib 中有个专用名称 bin 来表示，指的是划分的数据集合。而每个作为分割集合的分割点被称为 split。

例如，一个数据集中包括一项评分，假设一共 5 个分数，在实际应用中采用二分法，显示如下：

```
1  2  3  |  4  5
```

这里可以很明显地观察到，bin 有 2 个，分别装有数据{1,2,3}和{4,5}。而 split 被设置成 3，可以较好地对其进行划分。

MLlib 会在计算开始时对数据进行排序计算，并将其划分到不同的数据集合中，Spark 会分布式计算不同的集合中数据所拥有的信息增益，并将一个最大的信息增益所在的数据集合作为目标集合，之后寻找分割的 split 进行递归分割下一层，直到满足要求为止。

8.1.5　MLlib 中决策树示例

首先是对数据的归纳和整理，这里使用 8.1.2 小节中的数据集构建一个数据合集，其形式和内容如下：

数据位置：//DATA//C08// DTree.txt

```
1 1:1 2:0 3:0 4:1
0 1:1 2:0 3:1 4:1
0 1:0 2:1 3:0 4:0
1 1:1 2:1 3:0 4:0
1 1:1 2:0 3:0 4:0
1 1:1 2:1 3:0 4:0
```

上面第一列数据表示是否出去玩，后面若干个键值对分别表示其对应的值。需要说明的是，这里的 key 值表示属性的序号，这样做的目的是防止有缺省值的出现。而 value 是序号对应的具体的值。

与前面所述的若干个模型类似，决策树模型定义如下：

```
def trainClassifier(
    input: RDD[LabeledPoint],
    numClasses: Int,
    categoricalFeaturesInfo: Map[Int, Int],
    impurity: String,
    maxDepth: Int,
    maxBins: Int
): DecisionTreeModel
```

这里定义的属性依次说明如下：

- input: RDD[LabeledPoint] ：输入的数据集；
- numClasses: Int ：分类的数量，本例中只有出去和不出去，所以分成 2 类；
- categoricalFeaturesInfo: Map[Int, Int] ：属性对的格式，这里只是单纯的键值对；
- impurity: String ：计算信息增益的形式；
- maxDepth: Int ：树的高度；
- maxBins: Int ：能够分裂的数据集合数量。

在 C 盘中使用数据合集建立名为 DTree.txt 的数据文件，完整代码如程序 8-1 所示。

代码位置：//SRC//C08// DT.scala

程序 8-1　决策树

```
import org.apache.spark.mllib.linalg.Vectors
import org.apache.spark.{SparkContext, SparkConf}
import org.apache.spark.mllib.tree.DecisionTree
import org.apache.spark.mllib.util.MLUtils


object DT {
  def main(args: Array[String]) {
    val conf = new SparkConf()                //创建环境变量
    .setMaster("local")                       //设置本地化处理
    .setAppName("DT")                         //设定名称
    val sc = new SparkContext(conf)           //创建环境变量实例
    val data = MLUtils.loadLibSVMFile(sc, "c://DTree.txt")  //输入数据集

    val numClasses = 2                        //设定分类数量
    val categoricalFeaturesInfo = Map[Int, Int]()    //设定输入格式
    val impurity = "entropy"                  //设定信息增益计算方式
    val maxDepth = 5                          //设定树高度
    val maxBins = 3                           //设定分裂数据集

    val model = DecisionTree.trainClassifier(data, numClasses,
```

```
categoricalFeaturesInfo,
        impurity, maxDepth, maxBins)                          //建立模型
    println(model.topNode)                                    //打印决策树信息

    }
}
```

model.topNode 方法打印出决策树的一些基本统计信息，请读者自行验证查阅。

8.1.6　随机雨林与梯度提升算法（GBT）

上文我们演示了普通决策树的建立方法，但是在 MLlib 实际应用中，除了以上的普通决策树建立方法，还有两个充分利用了分布式并发处理系统构建的并发式决策树，即随机雨林与梯度提升构建的决策树。图 8-4 所示的是这个算法总体示意图。

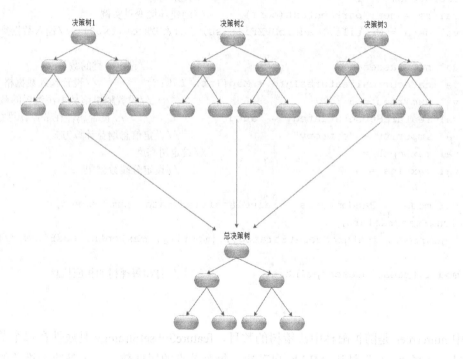

图 8-4　随机雨林决策树算法

首先介绍一下决策树中随机雨林算法。

雨林是若干个树的集合。随机雨林从名称上看，就是若干个决策树所组成的一个决策树林。在 MLlib 中，随机雨林中的每一棵树都被分配到不同的节点上进行并行计算，或者在一些特定的条件下，单独的每一棵决策树都可以并行化计算，每一棵决策树之间是没有相关性的。

当随机雨林在运行的时候，每当一个新的数据被传输到系统中，则会由随机雨林中的每一棵决策树同时进行处理。如果结果是一个连续常数，则对每一棵的结果取得平均值作为结果。

如果是非连续结果，则选择所有决策树计算最多的一项作为数据计算的结果。

随机雨林决策树的程序示例如程序 8-2 所示。

代码位置：//SRC//C08// DT2.scala

程序 8-2　随机雨林决策树

```scala
import org.apache.spark.{SparkConf, SparkContext}
import org.apache.spark.mllib.tree.RandomForest
import org.apache.spark.mllib.util.MLUtils

object RFDTree {
  def main(args: Array[String]) {
    val conf = new SparkConf()                      //创建环境变量
    .setMaster("local")                             //设置本地化处理
    .setAppName("DT2")                              //设定名称
    val sc = new SparkContext(conf)                 //创建环境变量实例
    val data = MLUtils.loadLibSVMFile(sc, "c://DTree.txt")  //输入数据集

    val numClasses = 2                              //设定分类的数量
    val categoricalFeaturesInfo = Map[Int, Int]()       //设置输入数据格式
    val numTrees = 3                                //设置随机雨林中决策树的数目
    val featureSubsetStrategy = "auto"                //设置属性在节点计算数
    val impurity = "entropy"                        //设定信息增益计算方式
    val maxDepth = 5                                //设定树高度
    val maxBins = 3                                 //设定分裂数据集

    val model = RandomForest.trainClassifier(data, numClasses,
categoricalFeaturesInfo,
      numTrees, featureSubsetStrategy, impurity, maxDepth, maxBins) //建立模型

    model.trees.foreach(println)                    //打印每棵树的相应信息
  }
}
```

其中 numTrees 是随机雨林中决策树的数目，featureSubsetStrategy 是属性在每个节点中计算的数目，选择"auto"是让 MLlib 自动决定每个节点的属性数，这也是笔者推荐的方式。model.trees 是随机雨林中决策树的信息，请读者自行打印验证。

 随机雨林的实质就是建立多个决策树，然后取得所有决策树的平均值。

下面介绍一下梯度提升算法（GBT）。

梯度提升算法的思想类似于前面学习线性回归时的随机梯度下降算法。一个模型中有若干个属性值构成，每个属性值在开始训练时具有相同的权重，之后不断地将模型计算结果与真实

值进行比较。如果出错则降低在特定方向的损失。这段话比较拗口，由于梯度提升算法较为复杂，这里笔者只简单地提及其基本原理，其数学基础和公式请感兴趣的读者参考相关资料学习。

梯度提升算法的示例如程序 8-3 所示。

代码位置：//SRC//C08// GDTree.scala

程序 8-3 梯度提升算法

```scala
import org.apache.spark.{SparkContext, SparkConf}
import org.apache.spark.mllib.tree.GradientBoostedTrees
import org.apache.spark.mllib.tree.configuration.BoostingStrategy
import org.apache.spark.mllib.tree.model.GradientBoostedTreesModel
import org.apache.spark.mllib.util.MLUtils


object GDTree {

  def main(args: Array[String]) {
    val conf = new SparkConf()               //创建环境变量
    .setMaster("local")                      //设置本地化处理
    .setAppName("GDTree")                    //设定名称
    val sc = new SparkContext(conf)          //创建环境变量实例
    val data = MLUtils.loadLibSVMFile(sc, "c://DTree.txt")      //输入数据集

    val boostingStrategy = BoostingStrategy.defaultParams("Classification")
//创建算法类型
    boostingStrategy.numIterations = 3                //迭代次数
    boostingStrategy.treeStrategy.numClasses = 2         //分类数目
    boostingStrategy.treeStrategy.maxDepth = 5         //决策树最高层数
    boostingStrategy.treeStrategy.categoricalFeaturesInfo = Map[Int, Int]()
//数据格式

    val model = GradientBoostedTrees.train(data, boostingStrategy)  //训练模型
  }
}
```

其中 BoostingStrategy.defaultParams("Classification")是算法采用的类型，numIterations 和 numClasses 分别是迭代次数和分类的数目。具体结果请读者自行验证。

8.2 保序回归详解

相对于决策树，保序回归的应用范围没有决策树算法那么广泛，但是在一般应用时，特别

是数据处理较为庞大的情况下，采用保序回归做回归分析可以极大地节省资源，从而提高计算效率。

8.2.1　何为保序回归

保序回归是数理统计中的一种回归计算方法，它在有约束的条件下，对数据进行回归处理。其处理方法是对数据列的均值进行处理从而获得一个回归序列。

我们用一个简单的例子描述保序回归。例如，给定一个无序数据集，要求预测数据集中某个位置数值的大小。但是由于系统内容空间有限，数据集过大，因此有个约束条件，就是在计算时不能够对数据进行排序或者无法进行排序，但是可以对数据进行修改。

保序回归的思想是对数据进行均值排序，从数据集的第一个数开始，如果下一个数出现乱序，即与设定的顺序不符，则从乱序的数据开始逐个开始求得平均值，直到求得的平均值与下一个数据比较不成为乱序为止。

例如一个数据集：

```
{1,3,2,4,5}
```

要求将其按保序回归由小到大进行排列。首先观察第一个数是 1，可以不做变动继续存放。第二个是 3，仍旧不需要变动。第三个数是 2，则属于乱序从而需要对其重新计算。

第三个数是乱序，需要从其开始计算，提取数据 2 和下一个数据 4，计算得到其平均值为 3，因此可获得一个新的数据集：

```
{1,3,3,3,5}
```

继续观察下一个数值，符合排列要求到达最后一个值，从而完成保序回归。

8.2.2　保序回归示例

首先需要处理保序回归的数据格式，这里的数据格式是以[value,label]的格式存储的一个数据集，例如[1,1]指的是第一个数据的值是 1，而其标签是 1。[6,3]指的是其值是 6 的那个数据，标签为 3。这样可以设定数据集如下：

数据位置：//DATA//C08//is.txt

```
1,1
2,2
6,3
3,4
4,5
9,6
7,7
```

在 C 盘建立相关数据文件，保序回归的程序如 8-4 所示。

代码位置：//SRC//C08// IS.scala

程序 8-4　保序回归

```scala
import org.apache.spark.mllib.regression.IsotonicRegression
import org.apache.spark.{SparkConf, SparkContext}

object IS {
  def main(args: Array[String]) {

    val conf = new SparkConf()                    //创建环境变量
    .setMaster("local")                           //设置本地化处理
    .setAppName("IS")                             //设定名称
    val sc = new SparkContext(conf)               //创建环境变量实例
    val data = MLUtils.loadLibSVMFile(sc, "c://is.txt") //输入数据集

    val parsedData = data.map { line =>           //处理数据格式
      val parts = line.split(',').map(_.toDouble)     //切分数据
      (parts(0), parts(1), 1.0)                   //分配数据格式
    }

    val model = new IsotonicRegression().setIsotonic(true).run(parsedData)
//建立模型

    model.predictions.foreach(println)            //打印保序回归模型

    val res = model.predict(5)                    //创建预测值
    println(res)                                  //打印预测结果

  }
}
```

　　model.predictions.foreach(println)是打印模型值的方法，打印结果请读者自行验证。数值 5 是数据的预测值标签，使用 model.predict(5)计算预测值。

8.3　小结

　　本章介绍了 MLlib 比较常用的决策树方法，介绍了构建决策树的传统 ID3 方法，这个是决策树的常用方法。除此之外，还有常用的 C4.5 算法，采用信息增益率的方法，请有兴趣的读者自行查阅。

　　另外，MLlib 在建立决策树时充分利用了分布式计算方法，采用了随机雨林和 GBT 等构建决策树林的方法，建立了并发式多个决策树，可以对更大的数据进行最迅捷的处理。

　　保序回归是一种有约束条件的回归计算方法，其应用于特定领域，在实际中应用较少，但是掌握这种方法可以帮助读者在更多约束要求下快速得到回归曲线。

第 9 章

◀ MLlib中聚类详解 ▶

本章将介绍 MLlib 中数据挖掘的一个重要分支——聚类。

聚类是一种数据挖掘领域中常用的无监督学习算法，MLlib 中聚类的算法目前有 4 种，其中最常用的是 Kmeans 算法，在文本分类中应用较为广泛。高斯混合聚类和隐狄利克雷聚类在特定场合有特定的使用，本章将分别研究它们的算法和应用。

本章主要知识点：

- 聚类的概念及应用
- Kmeans 算法的应用
- 高斯混合聚类的应用
- 快速迭代聚类的应用

9.1　聚类与分类

聚类与分类是数据挖掘中常用的两个概念，它们的算法和计算方式有所交叉和区别。一般来说分类是指有监督的学习，即要分类的样本是有标记的，类别是已知的；聚类是指无监督的学习，样本没有标记，根据某种相似度度量把样本聚为 k 类。

MLlib 中将其进行区分，本章主要介绍聚类算法的计算和表示。

9.1.1　什么是分类

分类是将事物按特征或某种规则划分成不同部分的一种归纳方式。在数据挖掘中，分类属于有监督学习的一种。

分类的应用很多，例如可以通过划分不同的类别对银行贷款进行审核，也可以根据以往的购买历史对客户进行区分，从而找出可称为 VIP 的用户。此外，在网络和计算机安全领域，分类技术有利于帮助检测入侵威胁，可以帮助安全人员更好地识别正常访问与入侵的区别。

MLlib 中分类的种类很多，例如前面介绍的决策树、贝叶斯、SVM 等都是常用的分类方法，它们的用法千差万别，对数据的要求不同，应用场景也存在不同，目前来说还没有一种能够适合于各种属性和要求的数据模型。

 在前面的学习中，还有一种称为回归。回归于分类的区别在于其输出值的不同。一般情况下，分类的输出是离散化的一个数据类别，而回归输出的结果是一个连续值。

9.1.2　什么是聚类

聚类，顾名思义就是把一组对象划分成若干类，并且每个类中对象之间的相似度较高，不同类中对象之间相似度较低或差异明显。聚类是无监督学习的一种。

聚类的目的是分析出相同特性的数据，或样本之间能够具有一定的相似性，即每个不同的数据或样本可以被一个统一的形式描述出来，而不同的聚类群体之间则没有此项特性。

聚类与分类有着本质的区别，一个属于无监督学习，而一个属于有监督学习。监督学习的意思是指，有着特定的目标或者明确的区别，即人为可分辨。无监督学习则没有特定的规则和区别。

聚类与分类的不同之处在于，聚类算法在工作前并不知道结果如何，不会知道最终将数据集或样本划分成多少个聚类集，每个聚类集之间的数据有何种规则。聚类的目的在于发现数据或样本属性之间的规律，可以通过何种函数关系式进行表示。

聚类的要求是统一聚类集之间相似性最大，而不同聚类集之间相似性最小。MLlib 中常用的聚类方法主要是 Kmeans、高斯混合聚类和隐狄利克雷等，这些都将在本章中详细讲解。

9.2　MLlib 中的 Kmeans 算法

K-means 算法是最为经典的基于划分的聚类方法，是十大经典数据挖掘算法之一。K-means 算法的基本思想是：以空间中 k 个点为中心进行聚类，对最靠近它们的对象归类。通过迭代的方法，逐次更新各聚类中心的值，直至得到最好的聚类结果。

Kmeans 由于其算法设计的一些基本理念，在对数据处理时效率不高，MLlib 充分利用了 Spark 框架的分布式计算的便捷性，从而提高了运算效率。本节主要介绍 Kmeans 算法的一些内容和条件并给出一个运行示例。

9.2.1　什么是 kmeans 算法

Kmeans 算法是数据挖掘中一种常用的聚类方法，其基本思想和核心内容就是在算法开始时随机给定若干（K）个中心，按照最近距离原则将样本点分配到各个中心点，之后按平均法计算聚类集的中心点位置，从而重新确定新的中心点位置。这样不断地迭代下去直至聚类集内的样本满足阈值为止。图 9-1 演示了一个 Kmeans 算法的分类方法。

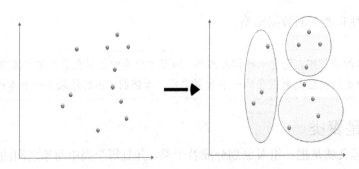

图 9-1   kmeans 算法图示 1

从图中可以看到，这里图中的数据点被分成 3 类，每个类都是由一定的规则判断形成。同样，如果换一个判定规则，则可能生成不同的分类规则图，如图 9-2 所示。

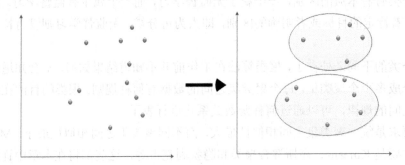

图 9-2   Kmeans 算法图示 2

图 9-1 与图 9-2 不同之处在于其构成的分类不同，这也是根据 Kmeans 的算法基础理论所决定。若初始随机选择的初始点不同，则可能随机获得的最终结果也千差万别。

下面使用数学的方法给出一个例子，请读者先查看表 9-1。

表 9-1   数据坐标表

序号	X 坐标	Y 坐标	序号	X 坐标	Y 坐标
1	1	2	5	3	4
2	1	1	6	4	3
3	1	3	7	2	2
4	2	2	8	4	4

表 9-1 中给定了 8 个数据，这里应用上文的 Kmeans 算法对其进行处理。

首先随机选定两个对象，假设选择序号 2 和 5 的数据作为初始点，分别找到其距离最近的数据样本作为数据集，其序号为(1,2,3,4,7)和(5,6,8)。

下一步计算各个数据集的平均中心点的值，得到平均值点。构成两个新的初始点，其中心值分别为：

```
X₁ = (1 + 1 + 1 + 2 + 2) / 5 = 1.4
Y₁ = (2 + 1 + 3 + 2 + 2) / 5 = 2
```

和

```
X₂ = (3 + 4 + 4) / 3 = 3.6666666666
Y₂ = (4 + 3 + 4) / 3 = 3.6666666666
```

即可得到新的数据中心点(1.4,2)和（3.67,3.67）。

之后再以第二次获得的新的数据集平均中心点作为坐标重新聚类，得到新的数据集。这样依次进行迭代计算和分类，当中心点不动或者移动距离相当小的时候，可以认为 Kmeans 聚类达到最优聚类。

9.2.2　MLlib 中 Kmeans 算法示例

首先是数据的准备。

这里采用 9.2.1 中的数据作为数据集。在 C 盘建立名为 Kmeans.txt 的数据文件，其内容如下：

数据位置：//DATA//D09// Kmeans.txt

```
1 2
1 1
1 3
2 2
3 4
4 3
2 2
4 4
```

其中每一行是一个坐标点的坐标值。

Train 方法是 Mllib 中 Kmeans 模型的训练方法，其内容如下：

```
def train(data: RDD[Vector],k: Int,maxIterations: Int)
```

可以看到，train 是由若干个参数构成，参数解释如下：

- data: RDD[Vector]：输入的数据集；
- k: Int：聚类分成的数据集数；
- maxIterations: Int：最大迭代次数。

Kmeans 示例如程序 9-1 所示。

代码位置：//SRC//C09// Kmeans.scala

程序 9-1　Kmeans 算法

```
import org.apache.spark.mllib.clustering.KMeans
```

133

```
import org.apache.spark.mllib.linalg.Vectors
import org.apache.spark.{SparkConf, SparkContext}

object Kmeans {
  def main(args: Array[String]) {

    val conf = new SparkConf()                    //创建环境变量
      .setMaster("local")                         //设置本地化处理
      .setAppName("Kmeans ")                      //设定名称
    val sc = new SparkContext(conf)               //创建环境变量实例
    val data = MLUtils.loadLibSVMFile(sc, "c://Kmeans.txt")//输入数据集
    val parsedData = data.map(s => Vectors.dense(s.split(' ').map(_.toDouble)))
.cache()                                          //数据处理

    val numClusters = 2                           //最大分类数
    val numIterations = 20                        //迭代次数
    val model = KMeans.train(parsedData, numClusters, numIterations)    // 训
练模型
    model.clusterCenters.foreach(println)         //打印中心点坐标

  }
}
```

其中 model.clusterCenters.foreach(println)方法打印出训练后模型的中心点。请读者自行打印验证。

 本示例中，Kmeans 是对二维数据进行聚类处理，如果是更高维的数据，请读者自行修改数据集进行计算验证。

9.2.3　Kmeans 算法中细节的讨论

在前面介绍中，Kmeans 算法求最近邻的点的方法并没有提及。实际上 Kmeans 算法中关于距离的计算是很重要的部分，其中常用的是欧式距离以及最近邻方法，下面依次进行说明。

欧氏距离是目前在 MLlib 中使用的距离计算方法，欧几里得距离（Euclidean distance）是最常用计算距离的公式，其表示为三维空间中两个点的真实距离。

欧几里得相似度计算是一种基于用户之间直线距离的计算方式。在相似度计算中，不同的物品或者用户可以将其定义为不同的坐标点，而特定目标定位坐标原点。使用欧几里得距离计算两个点之间的绝对距离，如公式 9-1 所示。

【公式 9-1】

$$d = \sqrt{(x_1 - x_2)^2 + (y_1 - y_2)^2}$$

MLlib 中 Kmeans 在进行工作时，由于设定了最大的迭代次数，因此一般在运行的时候达

到设定的最大迭代次数就停止迭代。

最近邻方法也是常用的一种 Kmeans 寻找周围点的方法。与最近距离不同，最近邻方法不是采用距离而是寻找中心点周围已设定数目的若干个点的方式来构建聚类集。如图 9-3 所示。

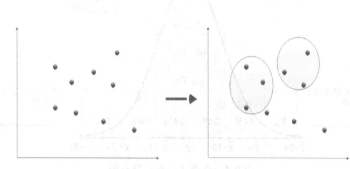

图 9-3　Kmeans 算法图示 3

从上图可以看到，这里的数据被分为 2 个聚类集合，每个聚类集中包含了 3 个数据。由于数据集内的数据数目被限定，因此有一部分数据无法进行归纳，容易形成孤立点，从而影响聚类的准确性。

9.3　高斯混合聚类

高斯和阿基米德、牛顿并列为世界三大数学家，一生成就极为丰硕。以他名字"高斯"命名的成果达 110 个，属数学家中之最。高斯在历史上影响巨大，其一生最重要的一大贡献就是发现了高斯分布，这也是统计分析一书中最重要的部分，即正态分布。

MLlib 使用高斯分布对数据进行分析处理，主要用于对数据进行聚类处理。

9.3.1　从高斯分布聚类起步

在介绍高斯混合模型之前，有必要先介绍单高斯模型。而在介绍单高斯模型之前，还有必要介绍下高斯分布。

 为了更好地理解高斯分布，读者需要注意，高斯分布有一个更为常用和有名的特例——正态分布。这里为了遵从 MLlib 的命名习惯，继续使用"高斯"一词以示敬意。

我们采用百度百科上的解释，高斯分布是一个在数学、物理及工程等领域都非常重要的概率分布，在统计学的许多方面有着重大的影响力。它指的是若随机变量 X 服从一个数学期望为 μ、方差为 σ^2 的高斯分布，记为 $N(\mu, \sigma^2)$。它的概率密度函数为高斯分布的期望值 μ 决定了分布的位置，标准差 σ 决定了分布的幅度。因其曲线呈钟形，人们又常称之为钟形曲线。

我们通常所说的标准高斯分布是 $\mu=0$、$\sigma=1$ 的正态分布，其形状如图 9-4 所示。

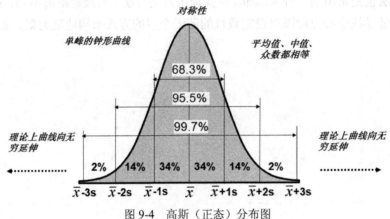

图 9-4　高斯（正态）分布图

高斯分布的数学表达公式如下：

$$f(x) = \frac{1}{\sqrt{2\pi}\sigma} \exp(-\frac{(x-\mu)^2}{2\sigma^2})$$

这里 μ 和 σ 都是用以表示分布的位置。顺便提一句，当 $\mu=0$、$\sigma=1$ 时，此时高斯分布成为一个经典的分布形式，即正态分布。

$$f(x) = \frac{1}{\sqrt{2\pi}} \exp(-\frac{x^2}{2})$$

高斯分布在应用上常用于图像处理、数据归纳和模式识别等方面，在对图像噪声的提取、特征分布的鉴定等方面有重要的功能。此外，高斯分布也用于对图像的处理，例如 Photoshop 软件中有一项专门的功能称为高斯过滤。

以高斯分布为基础的单高斯分布聚类模型，其原理就是考察已有数据建立一个分布模型，之后通过带入样本数据计算其值是否在一个阈值范围之内。

换句话说，对于每个样本数据考察期与先构建的高斯分布模型的匹配程度，例如当一个数据向量在一个高斯分布的模型计算阈值以内，则认为它与高斯分布相匹配。如果不符合阈值则认为不属于此模型的聚类。

一维高斯分布模型在上一节中已经介绍，下面主要介绍多维高斯分布模型。多维高斯分布模型公式如下：

$$G(x,\mu,\sigma) = \frac{1}{\sqrt{2\pi}} \exp(-\frac{(x-\mu)^{n-1}}{2\sigma})$$

其中 x 是一个样本数据，μ 和 σ 分别为样本的期望和方差。通过带入计算很容易判断样本 x 是否属于整体模型。

高斯分布模型可以通过训练已有的数据得到，并通过更新减少人为干扰，从而实现自动对数据进行聚类计算。

9.3.2　混合高斯聚类

混合高斯模型是在单高斯模型的基础上发展起来的，主要是为了解决单高斯模型对混合的数据聚合不理想的情况。

图 9-5 演示了一个很明显的情况，对于过度重叠在一起的数据，单高斯模型无法对其进行严谨区分，为了解决这个问题，引入了混合高斯模型。

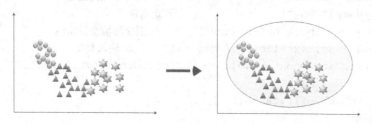

图 9-5　高斯聚类分布

混合高斯模型的原理用简单的一句话表述为，任何样本的聚类都可以使用多个单高斯分布模型来表示。其公式如下：

$$Pr(x) = \sum \pi G(x, \mu, \sigma)$$

公式中 $G(x, \mu, \sigma)$ 是混合高斯模型的聚类核心，我们需要做的就是在样本数据已知的情况下，训练获得模型参数，这里使用的是极大似然估计。具体本书就不做介绍了，请有兴趣的读者自行学习。

9.3.3　MLib 高斯混合模型使用示例

首先是数据的准备。这里使用传统的数据集的方式，三维数据集如下所示。

数据位置：//DATA//C09// gmg.txt

```
1 2 1
2 1 2
2 3 1
4 1 2
2 3 3
2 3 4
3 1 1
1 4 1
```

在 C 盘建立名为 gmg.txt 的文件作为采用的数据集，高斯混合模型的程序如程序 9-2 所示。

代码位置：//SRC//C09// GMG.scala

程序 9-2　MLlib 高斯混合模型

```
import org.apache.spark.mllib.clustering.GaussianMixture
import org.apache.spark.mllib.linalg.Vectors
import org.apache.spark.{SparkConf, SparkContext}

object GMG {
  def main(args: Array[String]) {

    val conf = new SparkConf()              //创建环境变量
    .setMaster("local")                     //设置本地化处理
    .setAppName("GMG ")                     //设定名称
    val sc = new SparkContext(conf)         //创建环境变量实例
    val data = sc.textFile("c://gmg.txt")   //输入数据
    val parsedData = data.map(s => Vectors.dense(s.trim.split(' ')  //转化数据
格式
    .map(_.toDouble))).cache()
    //训练模型
    val model = new GaussianMixture().setK(2).run(parsedData)

    for (i <- 0 until model.k) {
    //逐个打印单个模型
    println("weight=%f\nmu=%s\nsigma=\n%s\n" format
      (model.weights(i), model.gaussians(i).mu, model.gaussians(i).sigma))
          //打印结果
    }
  }
}
```

需要说明的是，new GaussianMixture().setK(2)方法用于设置了训练模型的分类数，可以在打印结果中看到模型被分成两个聚类结果。请读者自行打印最终结果。

9.4　快速迭代聚类

快速迭代是聚类方法的一种，但是其基础理论比较难，本节中将简单介绍其基本理论基础和使用示例。

9.4.1　快速迭代聚类理论基础

快速迭代聚类是谱聚类的一种。谱聚类是最近聚类研究的一个热点问题，是建立在图论理论上的一种新的聚类方法。快速迭代聚类的基本原理是使用含有权重的无向线将样本数据连接在一张无向图中，之后按相似度进行划分，使得划分后的子图内部具有最大的相似度而不同子图具有最小的相似度从而达到聚类的效果。

图 9-6 演示了对数据集进行切分聚类的方法。与 Kmeans 类似，这里的聚类也属于无监督学习方法，因此其切分可以不同，并没有一个特定的限制。

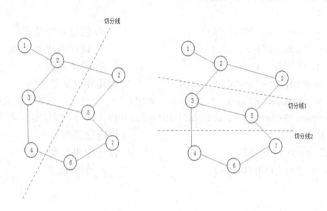

图 9-6　迭代聚类分割

每个点之间的距离由点之间的相似度计算获得，一般采用的是欧式距离表示，其公式如下：

$$d(x, y) = \sqrt{\sum (x_i - y_i)^2}$$

另外还有余弦相似度和高斯核函数相似度表示，读者查阅相关材料可自行研究。

谱聚类基本原理就是利用计算得到的样本相似度，组成一个相似度矩阵进行聚类计算。

9.4.2　快速迭代聚类示例

首先是数据准备部分，由于快速迭代聚类的数据源要求 RDD[(Long),(Long),(Double)]，则可以建立以下数据集：

数据位置：//DATA//C09// pic.txt

```
1 2 0.2
2 2 0.3
1 1 0.1
3 2 0.32
3 1 0.15
```

其中第一个和第二参数是第一个点和第二个数据点的编号，即其之间 ID。第三个参数为相似度计算值。快速迭代聚类示例如程序 9-3 所示。

代码位置：//SRC//C09// PIC.scala

程序 9-3　快速迭代聚类

```
import org.apache.spark.{SparkContext, SparkConf}
```

```
import org.apache.spark.mllib.clustering.PowerIterationClustering

object PIC {
  def main(args: Array[String]) {

    val conf = new SparkConf()                    //创建环境变量
    .setMaster("local")                           //设置本地化处理
    .setAppName("PIC ")                           //设定名称
    val sc = new SparkContext(conf)       //创建环境变量实例
    val data = sc.textFile("c://pic.txt")              //读取数据
    val pic = new PowerIterationClustering()      //创建专用类
     .setK(3)                                     //设定聚类数
     .setMaxIterations(20)                        //设置迭代次数
    val model = pic.run(data)                     //创建模型
  }
}
```

PowerIterationClustering 是快速迭代聚类专用的创建类，它可以设置聚类的数目和最大迭代次数，输入数据可以获得训练模型。

9.5 小结

本章讲解的内容是 MLlib 中较为重要的内容,主要介绍了聚类算法中常用的 Kmeans 算法、高斯聚类模型、迭代聚类等方法的理论基础和用法示例。

从数据挖掘的角度来看，聚类算法是无监督学习算法的一种。无监督学习指的是没有预先的定义和标记，由算法自行完成分类和聚合，是一种探索性的分析。聚类算法从本身的算法出发，自动探索并对数据进行处理，往往因为处理时间的不同和循环迭代的次数不同，以及方法的先后顺序从而得到不同的聚类结论。不同的工作人员对同一组数据进行处理，结果也不近相同。

"物以类聚，人以群分"，聚类方法是较为常见的对数据进行处理的方法，也是一种常见的数据挖掘算法的预处理过程。在 MLlib 中聚类方法还有更多的算法有待开发，读者可以先以已有的算法为基础，掌握它们的基本理论和用法，也可以自行编写相应的代码，从而获得更合适的算法。

第 10 章
◀ MLlib中关联规则 ▶

本章介绍数据挖掘中最为活跃和使用范围最广的研究方法——关联规则。

关联规则是研究不同类型的物品相互之间关联关系的规则，它最早是针对沃尔玛超市的购物数据分析诞生的，可以用来指导超市进行购销安排。之后应用于其他领域，例如医学病例的共同特征挖掘以及网络入侵检测等，都可以使用关联规则进行处理。

MLlib 中主要介绍了 FP-Tree 关联规则，这个关联规则是基于 Apriori 算法的频繁项集数据挖掘方法。它在提高算法的效率和鲁棒性等方面有了很大的提高。

本章主要知识点：

- Apriori 算法的概念及演示
- FP-Tree 的演示

10.1　Apriori 频繁项集算法

关联规则最初提出的动机是针对购物篮分析（Market Basket Analysis）问题提出的。假设分店经理想要深入了解顾客的购物习惯。特别是想知道有哪些商品，顾客可能会在一次购物时同时购买？为回答该问题，可以对商店的顾客购物零售数量进行购物篮分析。该分析可以通过发现顾客放入"购物篮"中的不同商品之间的关联，分析顾客的购物习惯。这种关联的发现可以帮助零售商了解顾客同时频繁购买的商品有哪些，从而帮助零售商开发更好的营销策略。

10.1.1　啤酒与尿布

"啤酒与尿布"是一个神奇的故事。20 世纪沃尔玛超市的营销人员在对商品销售情况进行统计的时候发现，在某些特定的日子，"啤酒"和"尿布"这两样看起来没有任何相关性的商品会经常性地出现在同一份购物清单上，如图 10-1 所示。

图 10-1　啤酒与尿布

这种奇怪的现象引起了沃尔玛的注意。经过追踪调查后发现，在美国传统家庭中，一般是由母亲在家照顾新生婴儿，而父亲外出工作。经常性地在父亲结束工作后会进入超市采购日常用品，而此时往往有的父亲在给婴儿购买尿布时给自己顺带买点啤酒。这样使得看起来没有任何相关性的商品被紧密的联系在一起。

当然这只是一个简单的关联关系例子。但是作为大数据分析和处理人员，通过对购物清单进行分析从而找出商品在购买时的关联关系，进而研究客户的购买行为，是一个非常重要的工作技能。

沃尔玛发现了这个现象后，开始尝试将啤酒与尿布摆放在尽可能远的地方，连接通道的货架上摆放着能够吸引年轻父亲的一些具有吸引力的商品，从而使得他们能够尽可能多地购物。

10.1.2　经典的 Apriori 算法

"啤酒与尿布"是经典的关联规则挖掘算法的应用案例。使用百度百科上的解释，Apriori 算法"是一种挖掘关联规则的频繁项集算法，其核心思想是通过候选集生成和情节的向下封闭检测两个阶段来挖掘频繁项集，而且算法已经被广泛地应用到商业、网络安全等各个领域。"

本节将以"啤酒与尿布"的例子讲解 Apriori 算法的基本原理。

表 10-1 是五份超市商品购买清单，其中每一单行代表一个顾客购买的物品清单，简单起见这里省略了购买物品数量。

表 10-1　一份购物清单

编号	物品
T1	果汁、鸡肉
T2	鸡肉、啤酒、鸡蛋、尿布
T3	果汁、啤酒、尿布、可乐
T4	果汁、鸡肉、啤酒、尿布
T5	鸡肉、果汁、啤酒、可乐

在对购买清单进行 Apriori 算法分析之前，需要掌握一些基本理论。这里涉及一些基本的概率论知识。

首先是定义集合的概念。为了简化理论说明起见，首先定义两个相互独立的集合 X 和 Y，假设 X 和 Y 之间有一定的关联性，即相互之间存在关联规则。而关联规则的表示使用支持度和置信度来说明。

支持度表示 X 和 Y 中的项在同一情况下出现的次数。支持度（Support）的公式是：

$$Support(A->B)=P(A \cup B)$$

支持度揭示了 A 与 B 同时出现的概率。如果 A 与 B 同时出现的概率小，说明 A 与 B 的关系不大；如果 A 与 B 同时出现非常频繁，则说明 A 与 B 总是相关的。

例如在表 10-1 中，啤酒与尿布的同时出现的次数为 3，而全部清单数为 5，则可以判定啤酒与尿布的支持度为 3/5。

置信度表示 X 和 Y 在一定条件下出现的概率。置信度（Confidence）的公式是：

$$Confidence(A->B)=P(A \mid B)。$$

置信度揭示了 A 出现时，B 是否也会出现或有多大的概率出现。如果置信度为 100%，则 A 和 B 可以捆绑销售了。如果置信度太低，则说明 A 的出现与 B 是否出现关系不大。

例如，在表 10-1 中，啤酒与尿布的同时出现的次数为 3，而啤酒出现的次数为 4，则可以判定啤酒与尿布的置信度为 3/4。

Apriori 算法是由两部分组成，即 A 和 priori 组合而成。含义是指每一项的计算是在前面项的基础上计算得到，即需要一个先验计数。具体如图 10-2 所示。

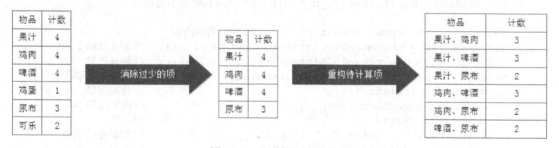

图 10-2　关联规则先验流程

从图可以看到，首先计算所需要的项的支持个数，抛弃数据支持个数过少的项。之后以此为基础相互组合重新计算个数。

Apriori 算法属于候选消除算法，是一个生成候选集，消除不满足条件的候选集，并不断循环直到不再产生候选集的过程。

10.1.3　Apriori 算法示例

首先是数据的准备。在本例中，使用的是表 10-1 中的清单数据。以此为基础进行数据的计算。其次是对算法的设定，这里为了简便起见，设置最小支持度为 2，如程序 10-1 所示。

代码位置：//SRC//C10// Apriori.scala

程序 10-1　Apriori 算法

```scala
import scala.collection.mutable
import scala.io.Source

object Apriori{

  def main(args: Array[String]) {

    val minSup = 2                                        //设置最小支持度
    val list = new mutable.LinkedHashSet[String]()        //设置可变列表
    Source.fromFile("c://apriori.txt").getLines()         //读取数据集并存储
    .foreach(str => list.add(str))                        //将数据存储
    var map = mutable.Map[String,Int]()                   //设置 map 进行计数
    list.foreach(strss => {                               //计算开始
      val strs = strss.split("、")                         //分割数据
      strs.foreach(str => {                               //开始计算程序
        if(map.contains(str)){                            //判断是否存在
          map.update(str,map(str) + 1)                    //对已有数据+1
        } else map += (str -> 1)                          //将未存储的数据加入
      })
    })

    val tmpMap = map.filter(_._2 > minSup)   //判断最小支持度

    val mapKeys = tmpMap.keySet               //提取清单内容
    val tempList = new mutable.LinkedHashSet[String]()    //创建辅助 List
    val conList = new mutable.LinkedHashSet[String]()     //创建连接 List
    mapKeys.foreach(str => tempList.add(str))             //进行连接准备
    tempList.foreach(str => {                             //开始连接
      tempList.foreach(str2 =>{                           //读取辅助 List
        if(str != str2){                                  //判断
          val result = str + "、" + str2                   //创建连接字符
          conList.add(result)                             //添加
        }
      })
    })

    conList.foreach(strss => {                //开始对原始列表进行比对
      val strs = strss.split("、")             //切分数据
      strs.foreach(str => {                   //开始计数
        if(map.contains(str)){                //判断是否包含
          map.update(str,map(str) + 1)        //对已有数据+1
        } else map += (str -> 1)              //将未存储的数据加入
      })
    })
```

```
    }
}
```

 为了便于理解和掌握 Apriori 算法，本示例使用的是 Scala 编写的单机运行程序，有兴趣的同学可以将其改成 Spark 运行的形式加以学习。

10.2　FP-growth 算法

FP-growth 是数据挖掘领域的一位大牛韩家炜老师创立的一种关联关系挖掘算法，他提出根据事物数据库构建 FP-Tree，然后基于 FP-Tree 生成频繁模式集。

MLlib 中也使用了 FP-growth 进行关联关系计算。FP-growth 在算法上较为容易理解，在程序编写上有一定难度，但是读者目前只需要理解其基本原理和使用方法，在深入理解的基础上再尝试编写自己的关联关系程序，这也不失为一种学习方法。

10.2.1　Apriori 算法的局限性

Apriori 算法是关联算法中比较经典的算法。它便于理解和程序代码实现，因此在一般数据处理和数据挖掘中应用非常广泛，但是由于它在算法设计上具有很大的局限性，并不能较为合适地处理大数据。

最主要的是 Apriori 使用的是 A 和 priori 这一特性来生成频繁项候选集，这样做的好处是在单机的情况下，可以对频繁项集进行压缩处理，从而在有限的内存情况下最大限度地提高了运算效率。但是这样做带来好处的同时还存在着两个主要问题：

第一问题就是会产生较多的小频繁项，小频繁项集过多使得数据在进行计算处理的时候效率极大地降低，从而使得复杂度以指数形式增长，降低了 Apriori 整体效率。

第二问题是由于频繁项集的处理需要多次扫描原样本数据库，而一般情况下 IO 的处理需要消耗大量的处理时间，从而算法在计算的过程中消耗大量的资源在数据的读取上。

10.2.2　FP-growth 算法

基于以上 Apriori 算法的不足，一个新的关联算法被提出，即 FP 树算法（FP-Growth）。这个算法试图解决多次扫描数据库从而带来的大量小频繁项集的问题。这个算法在理论上只对数据库进行两次扫描，直接压缩数据库生成一个频繁模式树从而形成关联规则。

在具体过程上，FP 树的算法主要由两大步骤完成：

（1）利用数据库中的已有样本数据构建 FP 树；
（2）建立频繁项集规则。

为了更好地解释 FP 树的建立规则，我们使用表 10-1 提供的数据清单为例进行讲解。

FP 树算法的第一步就是扫描样本数据库，将样本按递减规则排序，删除小于最小支持度的样本数。结果如下：

果汁 4
鸡肉 4
啤酒 4
尿布 3

这里使用最小支持度为 3，得到以上计数结果。之后第二步重新扫描数据库，并将样本按上标的支持度数据排列，结果如表 10-2 所示。

表 10-2 排序后的购物清单

编号	物品
T1	果汁、鸡肉
T2	鸡肉、啤酒、尿布
T3	果汁、啤酒、尿布
T4	果汁、鸡肉、啤酒、尿布
T5	果汁、鸡肉、啤酒

表 10-2 是已经对数据进行的重新排序，从 T5 的顺序可以看到，由原来的"鸡肉、果汁、啤酒、可乐"被重排为"果汁、鸡肉、啤酒"，这是第二次扫描数据库也是 FP 树算法最后一次扫描数据库。

下面开始构建 FP 树，将重新生成的表 10-2 按顺序插入 FP 树中，如图 10-3 所示。

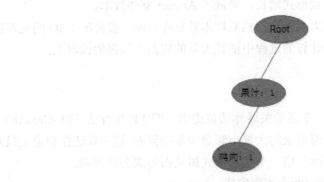

图 10-3　FP-growth 算法流程 1

这里需要说明的是，Root 是空集，用来建立后续的 FP 树。之后继续插入第二条记录。如图 10-4 所示。

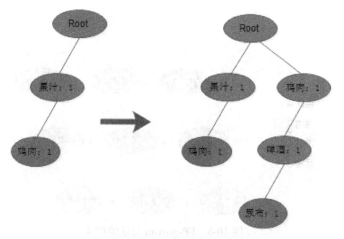

图 10-4　FP-growth 算法流程 2

此时可以看到，在新生成的树中，鸡肉的数量变成 2，这样继续生成 FP 树，可以得到如下图 10-5 所示完整的 FP 树。

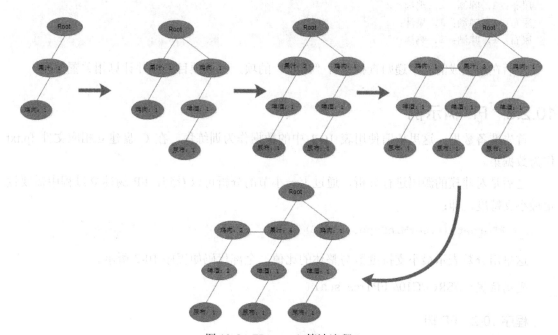

图 10-5　FP-growth 算法流程 3

建立对应的 FP 树之后，就可以开始频繁项集挖掘工程，这里采用逆向路径工程对数据进行数据归类。首先需要建立的是样本路径。如图 10-6 所示。

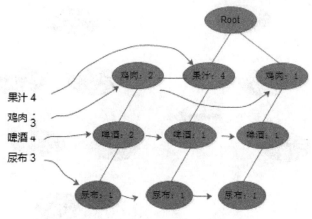

图 10-6　FP-growth 算法流程 4

这里假设需要求取"啤酒、尿布"的包含清单，则从支持度最小项开始，可以获得如下数据：

```
尿布：1，啤酒：2，鸡肉：2
尿布：1，啤酒：1，果汁：4
尿布：1，啤酒：1，鸡肉：1
```

之后在新生成的表中递归查找包含"尿布"的项，完成项目查找并计算相关置信度。

10.2.3　FP 树示例

首先准备数据，这里依旧使用表 10-1 中的数据作为训练集。在 C 盘建立相应文件 fp.txt 作为数据集。

之后是对建模的源码进行分析，通过上一小节的分析可以看到，FP 树建立过程中需要设定最小支持度，即：

```
new FPGrowth().setMinSupport(0.3)
```

这里用分数表示最小支持度数与整体的比值。全部代码如程序 10-2 所示。

代码位置：//SRC//C10// FPTree. scala

程序 10-2　FP 树

```scala
import org.apache.spark.mllib.fpm.FPGrowth
import org.apache.spark.{SparkConf, SparkContext}
object FPTree {

  def main(args: Array[String]) {
    val conf = new SparkConf()                        //创建环境变量
    .setMaster("local")                               //设置本地化处理
    .setAppName("FPTree ")                            //设定名称
    val sc = new SparkContext(conf)                   //创建环境变量实例
    val data = sc.textFile("c://fp.txt")              //读取数据
```

```
val fpg = new FPGrowth().setMinSupport(0.3) //创建 FP 数实例并设置最小支持度
val model = fpg.run(data)                    //创建模型

    }
}
```

请读者自行打印结果数据。

10.3　小结

本章对关联关系做了一个理论说明并实现了经典的 Apriori 算法。在讲解的过程中提到，Apriori 虽然便于理解和编写程序，但是由于它要求多次扫描数据集，会带来无谓的资源损耗，因此在大数据领域其缺乏实用价值。

FP 树是为了解决 Apriori 算法需要对数据集进行多次读取这个弊端而诞生的，它只需要读取两次数据集即可。虽然在理解其理论上有一定难度，但是相信读者如果认真学习本章的相关内容，应该可以对这种算法有一定的了解和掌握。

FP 树是一个较 Apriori 算法而言更为轻量级算法，在求解和复杂度分析方面有着极大的优势，但是同样对于大数据而言，它的空间复杂度和时间复杂度依然较高，这点需要相关使用人员注意。

第 11 章

◀ 数据降维 ▶

随着互联网技术与数据收集能力的不断提高，人们借助各种手段和方法获取和存储数据的能力越来越强，这些数据呈现出数据量多、维数高、结构复杂的一些特点。数据降维是伴随大数据技术的蓬勃发展而诞生的一个新兴学科。

数据降维又称为维数约简，从名称上看就是降低数据的维数。目前 MLlib 中使用的降维方法主要有两种：奇异值分解（SVD）和主成分分析（PCA）。

本章主要知识点：

- SVD 的概念及应用
- PCA 的概念及应用

由于本章的内容较为理论化，如果有的读者对其感到难以理解可以跳过本章的理论部分，直接掌握相关程序的用法即可。

11.1 奇异值分解（SVD）

奇异值分解是矩阵分解计算的一种常用方法，本书在介绍协同过滤的时候，也稍微提到了使用矩阵分解方面的例子。

更多的矩阵分解的应用是在数据降维方面。MLlib 天生是为大数据服务的，虽然如此，但是对于数据中包含的一些不是很重要的信息，可以通过不同的方式给予去除，从而可以节省资源以投放在更重要的工作中，这也是数据降维的目的。

本节将介绍奇异值分解，这是矩阵分解的常用方法，将一个大矩阵分解为若干个低维度的矩阵来表示是其最终目的。

11.1.1 行矩阵（RowMatrix）详解

在第 4 章已经向读者介绍了行矩阵的概念，我们可以将行矩阵看做一个包含若干行向量的特征矩阵集合，每一行就是一个具有相同格式的向量集合。

RowMatrix 的创建源码如下：

```
(1) new RowMatrix(rows: RDD[Vector])
(2) new RowMatrix(rows: RDD[Vector], nRows: Long, nCols: Int
```

- rows: 数据列表。
- nRows: 起始行号。
- nCols: 起始列号。

第一个 new 方法创建的 RowMatrix 是默认的方法，对数据集中所有数据进行创建，而带有 nRows 和 nCols 的方法是可以选择起始行创建相应的部分数据 RowMatrix。

现有数据如下：

```
1 2 3 4
5 6 7 8
0 9 8 7
6 4 2 1
```

可以将其在硬盘上建立相应的文件，RowMatrix 读取方式如下：

```
val rdd = sc.textFile(" ")                    //创建 RDD 文件路径
    .map(_.split(' ')                         //按" "分割
    .map(_.toDouble))                         //转成 Double 类型
    .map(line => Vectors.dense(line))         //转成 Vector 格式
val rm = new RowMatrix(rdd)                   //读入行矩阵
```

 部分读取的方式请读者自行练习。

11.1.2 奇异值分解算法基础

奇异值分解（SVD）是线性代数中一种重要的矩阵分解方法，涉及的原理很复杂，这里用比较简单的图例来说明。

一般来说一个矩阵可以用其特征向量来表示，即矩阵 A 可以如下表示：

$$A\lambda = V\lambda$$

这里 V 就被称为特征向量 λ 对应的特征值。下面首先需要知道的是，任意一个矩阵在与一个向量相乘后就相当于进行了一次线性处理，例如矩阵：

$$A = \begin{bmatrix} 3 & 0 \\ 0 & 1 \end{bmatrix} = \begin{bmatrix} 3 & 0 \\ 0 & 1 \end{bmatrix}\begin{bmatrix} x \\ y \end{bmatrix} = \begin{bmatrix} 3x \\ y \end{bmatrix}$$

可以将其进行线性变换，可得如图 11-1 所示的形式：

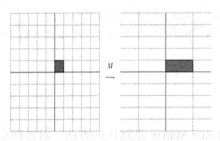

图 11-1　奇异值分解图示

可以认为一个矩阵在计算过程中，将它在一个方向上进行拉伸，需要关心是拉伸的幅度与方向。

一般情况下，拉伸幅度在线性变换中是可以忽略或近似计算的一个量，需要关心的仅仅是拉伸的方向，即变换的方向。当矩阵维数已定，可以将其分解成若干个带有方向特征的向量，获取其不同的变换方向从而确定出矩阵。

基于以上的解释，可以简单地把奇异值分解理解为：一个矩阵分解成带有方向向量的矩阵相乘。即：

$$A = U \Sigma V^{T}$$

用图示表示如图 11-2 所示。

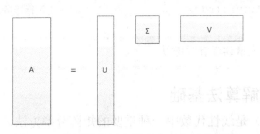

图 11-2　将矩阵分解为带有方向向量的矩阵

其中的 U 是一个 $M*K$ 阶层的矩阵，Σ 是一个 $K*K$ 的矩阵，而 V 也是一个 $N*K$ 阶层的矩阵，这三个方阵相乘的结果就是形成一个近似于 A 的矩阵。这样做的好处是能够极大地减少矩阵的存储空间，很多数据矩阵在经过 SVD 处理后，其所占空间只有原先的 10%左右，从而极大地提高运算效率。

11.1.3　MLlib 中奇异值分解示例

首先是数据的准备，这里采用 11.1.1 小节同样的数据（如下所示）进行处理，在 C 盘建立名为 a.txt 的文本文件。

```
1 2 3 4
5 6 7 8
0 9 8 7
6 4 2 1
```

其次是对源码的分析，在奇异值分解算法中，整个算法计算的基础是建立有效行矩阵。因此可以在其基础上对其进行奇异值分解。全部代码如程序 11-1 所示。

代码位置：//SRC//C11// SVD.scala

程序 11-1　奇异值分解

```scala
import org.apache.spark.mllib.linalg.Vectors
import org.apache.spark.mllib.linalg.distributed.RowMatrix
import org.apache.spark.{SparkConf, SparkContext}

object SVD {
  def main(args: Array[String]) {
    val conf = new SparkConf()                        //创建环境变量
    .setMaster("local")                               //设置本地化处理
    .setAppName("SVD ")                               //设定名称
    val sc = new SparkContext(conf)                   //创建环境变量实例

    val data = sc.textFile("c://a.txt")               //创建 RDD 文件路径
    .map(_.split(' ')                                 //按" "分割
    .map(_.toDouble))                                 //转成 Double 类型
    .map(line => Vectors.dense(line))                 //转成 Vector 格式

    val rm = new RowMatrix(data)                      //读入行矩阵
    val SVD = rm.computeSVD(2, computeU = true)       //进行 SVD 计算
    println(SVD)                                      //打印 SVD 结果矩阵
  }
}
```

除了可以对 SVD 进行直接打印外，其中还有对 SVD 中分解的矩阵求出的方法，代码如下：

```scala
val U = SVD.U
val s = SVD.S
val V = SVD.V
```

结果请读者自行打印查阅。

11.2　主成分分析（PCA）

主成分分析（Principal Component Analysis）是指将多个变量通过线性变换以选出较少数重要变量的一种多元统计分析方法，又称主分量分析。在实际应用场合中，为了全面分析问题，往往提出很多与此有关的变量（或因素），因为每个变量都在不同程度上反映这个应用场合的某些信息。

主成分分析是设法将原来众多具有一定相关性（比如 P 个指标）的指标，重新组合成一组新的互相无关的综合指标来代替原来的指标，从而实现数据降维的目的，这也是 MLlib 的处理手段之一。

11.2.1　主成分分析（PCA）的定义

主成分分析（PCA）在百度百科上的解释为，"在用统计分析方法研究多变量的课题时，变量个数太多就会增加课题的复杂性。人们自然希望变量个数较少而得到的信息较多。在很多情形，变量之间是有一定的相关关系的，当两个变量之间有一定相关关系时，可以解释为这两个变量反映此课题的信息有一定的重叠。主成分分析是对于原先提出的所有变量，将重复的变量（关系紧密的变量）删去，建立尽可能少的新变量，使得这些新变量是两两不相关的，而且这些新变量在反映课题的信息方面尽可能保持原有的信息。"

设法将原来变量重新组合成一组新的互相无关的几个综合变量，同时根据实际需要从中可以取出几个较少的综合变量，以尽可能多地反映原来变量的信息的统计方法叫做主成分分析或称主分量分析，也是数学上用来降维的一种方法。

11.2.2　主成分分析（PCA）的数学基础

理解 PCA 需要求较多的基础知识，本小节将以例子的形式为读者讲解 PCA 基础。

假设有一个二维数据集（$x_1, x_2, x_3, \ldots, x_n$），如果要求将其从二维降成一维数据。二维数据集分布如图 11-3 所示。

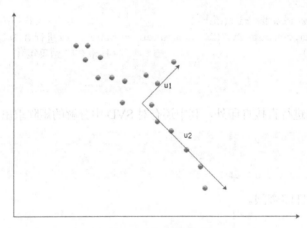

图 11-3　主成分分析原理图

其中 $u1$ 和 $u2$ 分别为其数据变化的主方向，$u1$ 变化的幅度大于 $u2$ 变化的幅度，即可以认为数据集在 $u1$ 方向上的变化比 $u2$ 方向上的大。为了更加数字化表示 $u1$ 和 $u2$ 的大小，可参考如下公式：

$$A = \frac{1}{m} \sum_{i=1}^{m} (x_i)(x_i)^t$$

其中计算后可得到数据集的协方差矩阵 A。可以证明计算结果数据变化的 $u1$ 方向为协方差矩阵 A 的主方向，$u2$ 为次级方向。

之后可以将数据集使用 $u1$ 和 $u2$ 的矩阵形式进行表达，即：

$$x_{rot} = \begin{bmatrix} u_1^T x \\ u_2^T x \end{bmatrix} = u_1^T x_i$$

X_{rot} 是数据重构后的结果，可以看到，此时二维数据集通过 u_1 以一维的形式表示。如果将其推广到更一般的情况，当 X_{rot} 包含更多的方向向量时，则只需要选取前若干个成分表示整体数据集。

$$x_{rot} = \begin{bmatrix} u_1^T x \\ u_2^T x \\ ... \\ 0 \\ 0 \end{bmatrix} = u_1^T x \times u_2^T x ... \times x_i$$

整体推导过程和公式计算较为复杂，建议感兴趣的读者参考统计学关于主成分分析的专题讲解。

可以这样说，PCA 将数据集的多个特征降维，可以对其进行数据缩减。例如，当 10 维的样本数据被处理后只保留 2 维数据进行，整体数据集被压缩 80%，极大地提高了运行效率。

11.2.3 MLlib 中主成分分析（PCA）示例

对于 MLlib 中的 PCA 算法来说，与 SVD 类似，同样是建立在行矩阵之上的数据处理方法。因此在数据的准备上可以和程序 11-1 使用一样的数据集。完整的示例见程序 11-2。

代码位置：//SRC//C11// PCA.scala

程序 11-2 PCA

```scala
import org.apache.spark.mllib.linalg.Vectors
import org.apache.spark.mllib.linalg.distributed.RowMatrix
import org.apache.spark.{SparkConf, SparkContext}

object PCA {
  def main(args: Array[String]) {
    val conf = new SparkConf()                  //创建环境变量
    .setMaster("local")                         //设置本地化处理
    .setAppName("PCA ")                         //设定名称
    val sc = new SparkContext(conf)             //创建环境变量实例

    val data = sc.textFile("c://mx.txt")        //创建 RDD 文件路径
      .map(_.split(' ')                         //按" "分割
```

```
        .map(_.toDouble))                        //转成 Double 类型
        .map(line => Vectors.dense(line))        //转成 Vector 格式
    val rm = new RowMatrix(data)                 //读入行矩阵

    val pc = rm.computePrincipalComponents(3)    //提取主成分，设置主成分个数
    val mx = rm.multiply(pc)                      //创建主成分矩阵
    mx.rows.foreach(println)                      //打印结果
  }
}
```

程序中 computePrincipalComponents 方法设置提取的主成分个数，本例中设置为 3，即对每个向量最终提取 3 个主成分作为向量的表示。Multiply 方法是对主成分的组合，重新构建成一个使用主成分构建的矩阵，用于表示原始矩阵。具体结果请读者自行打印查阅。

11.3 小结

本章演示了数据降维的两种常见方法：SVD 和 PCA，这也是目前 MLlib 机器学习库中两种数据降维的方法。它们为大数据的数据维数过多、噪音过多提供了相应的解决方法，提高了大数据运算效率。

数据降维的方法还有很多，根据其算法的特性 SVD 和 PCA 属于线性无监督降维。此外，还有非线性降维、监督和半监督降维等方法，这样降维的手段众多，意义重大，对数据的结果也不尽相同，因此在使用时需要选择合适的降维方法。

下一章主要介绍特征提取和转换，同样会用到大量的降维方法，请读者继续深入学习和练习。

第 12 章
◀ 特征提取和转换 ▶

本章将介绍数据处理的另外一个重要内容，特征提取和转换。

与数据降维相同，特征提取和转换也是处理大数据的一种常用方法和手段，其目的是创建新的能够代替原始数据的特征集，更加合理有效地展现数据的重要内容。特征提取指的是由原始数据集在一定算法操作后创建和生成的新的特征集，这种特征集能够较好地反映原始数据集的内容，同时在结构上大大简化。

MLlib 中目前使用的特征提取和转换方法主要有 TF-IDF、词向量化、正则化、特征选择等，这些方法在本章中都会介绍。需要注意的是，特征提取和转换算法的实际应用都要求与实际应用领域相结合，不同的领域有着不同的特征提取和转换的方法，这点需要读者在学习中注意。

本章主要知识点：

- TF-IDF 的概念及应用
- 词向量化工具
- 基于卡方检验的特征选择

12.1 TF-IDF

TF-IDF 是一种较为简单的特征提取算法，它简单到任何使用者只需要一小时就可以掌握其原理。而且在实际应用领域中，TF-IDF 算法作为一个经典的数据挖掘算法有着广泛的应用情景。

MLlib 中使用 TF-IDF 算法作为文本特征提取算法，使用的数学公式较为简单，建议读者可以深入学习一下。

12.1.1 如何查找所要的新闻

相信大家都有体会，在互联网上想要搜索某条新闻或报道时，并不需要长篇地写出相关新闻的摘要和内容，而只需简单填入所属的关键词即可。那么问题来了，搜索程序如何在后台对关键词进行搜索，同时可以将其按重要程序展现给搜索人员而不需要人为干涉。

在回答这个问题时，我们可能会考虑到很多因素，例如对数据选择涉及信息检索、文本挖掘等一些"高大上"的技术，但是答案却很简单，关键词搜索采用了一个非常简单的搜索算法，即本节中需要介绍的 TF-IDF 算法。

我们知道，当拿到一篇文章通读一遍后，最重要的是提炼出其中心思想。计算机搜索也是如此，不过在于由中心思想的提取转换成关键词的提取。

一般认为，一篇文章的关键词是其在文章中出现最多的词，因此关键词提取一个最简单的思路就是提取在文章中出现最多的词，即"词频"（Term Frequency，TF）的提取。

但是问题又来了，有些词在使用过程中是作为常用的词被广泛使用，这些词在各个文章中大量出现，在提取时会产生大量的干扰"噪音"，因此需要一个能够解决词频出现过多问题的办法。

对此问题的解决仍旧使用了一个非常简单的办法，当一篇文章中提取的词频较多的关键词在当前文章中多次出现，而在其他文章中较少出现，那么它可能最大幅度地反映了这篇文章的"中心思想"，即所需提取的关键词。

用统计语言表示，对所提取的每个词可以分配一个权重用于表示其重要性程度，一般情况下，常见词作为关键词所分配的权重较小，而不常见的词作为关键词分配的权重较大。这个权重叫做"逆文档频率"（Inverse Document Frequency，IDF），它的大小与一个词的常见程度成反比。

概括起来说，TF-IDF 的一般定义如下：

- TF（Term Frequency）为词频的定义，表示为某个关键词在一个文本中出现的次数。一般认为某个特定词在当前文本中出现的次数越多，越能反映出文本特征。
- IDF（Inverse Document Frequency）为逆文本频率定义。表示为某个关键词在一个文本集中的区分能力。若某个特定关键词在文本集中出现的次数越多，则其区分能力越差。例如一些常用的介词完全没有任何区分能力，反而出现次数最多。

12.1.2　TF-IDF 算法的数学计算

下面开始对 TF-IDF 的计算进行介绍，首先需要掌握的就是 TF 和 IDF 的计算公式，其公式如下：

$$TF = \frac{某个词在文章中出现的次数}{文章的总词数}$$

$$IDF = \log\left(\frac{查找的文章总数}{包含该词的文章数 + 1}\right)$$

从 IDF 公司中可以看到，一个词如果在不同的文章中出现的较多，即较为常见，则可认为其分母越大，计算得到的 IDF 值越小。分母加一是为了防止分母为 0 造成的系统计算错误。

因此，最终获得的 TF-IDF 计算公式如下：

$$TF - IDF = TF(\text{词频}) \times IDF(\text{逆文档频率})$$

还需要注意的是，对于不同的文本信息，经过 TF-IDF 确定的关键词向量后，其中可能包含较多数目的特征关键词，因此选取不同数目的可信关键词会对结果造成一定程度的影响。一般认为，选取的关键词数目偏少，代表的信息熵不足；过多的话，则可能会给关键词向量引入较多的噪声项，降低文本信息相似度计算的准确性。

12.1.3　MLlib 中 TF-IDF 示例

首先是数据的准备工作。TF-IDF 用于对文章中关键词提取和计算，因此在本例中准备的数据是若干文字材料。

数据位置：//DATA//D12// word.txt

```
hello mllib
goodbye spark
hello spark
spark
goodbye spark
```

之后对其进行程序计算，完整代码如程序 12-1 所示。

代码位置：//SRC//C12// TF_IDF.scala

程序 12-1　TF-IDF

```scala
import org.apache.spark.mllib.feature.{IDF, HashingTF}
import org.apache.spark.{SparkContext, SparkConf}

object TF_IDF {
  def main(args: Array[String]) {
    val conf = new SparkConf()                  //创建环境变量
    .setMaster("local")                         //设置本地化处理
    .setAppName("TF_IDF ")                       //设定名称
    val sc = new SparkContext(conf)             //创建环境变量实例
    //读取数据文件
    val documents = sc.textFile("c://word.txt").map(_.split(" ").toSeq)

    val hashingTF = new HashingTF()             //首先创建 TF 计算实例
    val tf = hashingTF.transform(documents).cache()//计算文档 TF 值
    val idf = new IDF().fit(tf)                 //创建 IDF 实例并计算

    val tf_idf= idf.transform(tf)              //计算 TF_IDF 词频
    tf_idf.foreach(println)                     //打印结果
  }
```

```
    }
```

除此之外，需要说明的是，TF_IDF 在实际使用过程中需要对文本进行分词处理。这里笔者建议采用中国科学院的 ICTCLAS（http://www.ictclas.org）作为确定的分词工具，它的主要作用有两个：去除停用词、对提取的关键词做语义重构。

（1）去除关键词的作用主要是去除一些常用的辅助词，这些词的存在不会对文章的意义产生任何影响。例如，常用的副词、介词，以及设定的一些文本中出现的特定地名、单位或组织机构名称等。以便在对文本进行特征选择时，将其忽略而避免对特征向量的建立产生影响。

（2）针对中文的使用特性，需要对提取的关键词做语义重构。由于中文文章中一般会出现较多由普通名词构成的专有名词，例如，"数据挖掘"和"数据结构"这是两个不同的词语，表示两个完全不同的学科。但是在语义分析时，分词器往往由于规则设定的不同，将其拆分成"数据"、"挖掘"、"数据"、"结构"这四个词语。这样在后续的分析中，由完全不同的两个文本被标记成具有 50%相似度的文本，这是非常严重的一个错误。因此必须对设定规则进行重构，区分不同的概念。

12.2 词向量化工具

简单地说，现实中的语言文本问题要转化为机器学习或数据挖掘的问题，第一步肯定是要找一种方法把这些符号数字化，即要将语言文本翻译成机器能够认识的语言。词向量工具就是为了解决这个翻译问题而诞生的。

MLlib 中提供了词向量化的工具，其目的是在于不增加维数的前提下将大量的文本内容数字化。本节的学习可以与文本相似度距离结合在一起，以便更好地理解相关内容。

12.2.1 词向量化基础

计算机在处理海量的文本信息时，一个重要的处理方法就是将文本信息向量化表示，即将每个文本中包含的词语进行向量化存储。

MLlib 中为了能够处理海量的文本，采用的是一种低维向量的方法来表示词组。这样做的最大的好处是，对于选定的词组在向量空间中能够更加紧密地靠近，从而对文本特征提取和转换提供好处。这里文本距离的计算请参考 Kmeans 一章中文本距离的计算方法。

目前 MLlib 中词向量转换采用的是 skip-gram 模型来实现，这个也是神经网络学习方法的一个特定学习方式，具体如图 12-1 所示。

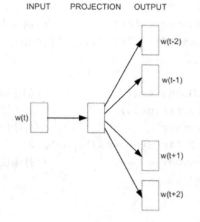

Skip-gram

图 12-1　skip-gram 模型

上图中 w(t)是输入的文本，PROJECTION 对应的是模型参数，而输出的是每个单词出现的概率，因此整体 skip-gram 可以用如下公式表示：

$$f(x) = \arg\max \prod_{\omega \in Text}\left[\prod_{c \in C(\omega)} p(c \mid \omega, \theta)\right]$$

其中 ω 代表整体文章，$p(c \mid \omega, \theta)$ 是指在模型参数 θ 的情况下，某个语句 c 在 ω 中出现的概率，因此整体就转化成寻找一个特定 θ 从而使得 f(x)最大化。

Skip-gram 算法较为复杂，请有兴趣的读者自行研究，本书不再过多阐述。

12.2.2　词向量化使用示例

首先是数据的准备工作。词向量同样是对文本进行处理的一种方法，因此在数据的选择上同样使用 12.1.3 小节中提供的数据集进行数据准备。

完整词向量训练方法如程序 12-2 所示。

代码位置：//SRC//C12// word2Vec.scala

程序 12-2　词向量化

```
import org.apache.spark.mllib.feature.Word2Vec
import org.apache.spark.{SparkConf, SparkContext}

object word2Vec {
  def main(args: Array[String]) {
    val conf = new SparkConf()                    //创建环境变量
    .setMaster("local")                           //设置本地化处理
```

```
      .setAppName("word2Vec ")                    //设定名称
    val sc = new SparkContext(conf)               //创建环境变量实例
    val documents = sc.textFile("c://a.txt").map(_.split(" ").toSeq)   // 读
取数据文件

    val word2vec = new Word2Vec()                 //创建词向量实例
    val model = word2vec.fit(data)                  //训练模型
    println(model.getVectors)                     //打印向量模型
    val synonyms = model.findSynonyms("spar", 2)    //寻找 spar 的相似词
    for(synonym <- synonyms){                     //打印找到的内容
      println(synonym)
    }
  }
}
```

上面代码中，findSynonyms()方法包含 2 个参数，分别为查找目标和查找数量，可以在其中设置查找目标。请读者自行打印结果。

12.3　基于卡方检验的特征选择

卡方检验是用途非常广泛的一种假设检验方法，它在分类资料统计推断中一般用于检验一个样本是否符合预期的一个分布。其计算原理就是，把待测定的数据分布分成几个互不相交的区域，每个区域的理论概率可知，之后查看测定结果值落在这些区域的频率，是否跟理论概率差不多。

一般来说卡方检验就是统计样本的实际观测值与理论推断值之间的偏离程度，实际观测值与理论推断值之间的偏离程度就决定了卡方值的大小。卡方值越大，越不符合，偏差越小，卡方值就越小，越趋于符合，若量值完全相等时，卡方值就为 0，表明理论值完全符合。

MLlib 中，卡方检验主要是用于对结果进行检验，考核通过程序算法做出的特征提取是否符合预期。

12.3.1　"吃货"的苦恼

作为一个"吃货"，相信一定会遇到这样一个苦恼，当兴冲冲地的买回来一大堆食材，却不知道如何去做，那么作为一个标准的"吃货"会怎么处理这件事呢？

最简单的办法当然就是去网上查找相应的食谱，而作为查找服务提供方的搜索引擎，如果此时提供的不是一份完美的指导菜谱，而是一份品尝感受，那么作为一个吃货来说，会不会有砸了电脑的冲动呢？

卡方检验的特征提取就是为了解决这种苦恼而诞生的。

假设吃货想查找"星斑"的菜谱，搜索引擎系统通过蜘蛛抓捕到 N 篇网页，而其中有 M

篇是关于游记的，而只有 N-M 篇可称为菜谱。（这里为了简单起见只选择 2 类。）那么对于计算机来说，则存在表 12-1 所示的几种可能。

表 12-1　菜谱查找数目

	菜谱	游记	合计
包含"星斑"	A	B	A+B
不包含"星斑"	C	D	C+D
总数	N-M	M	N

下面涉及一些概率方面的内容，首先对包含"星斑"内容的网页来说，它所占的百分比为(A+B)/N，而以相同的概率应用到菜谱网页中，则可以计算得到包含星斑的菜谱为：

$$E = (N-M)\frac{A+B}{N}$$

解释一下，E 为包含星斑的菜谱的期望值，根据计算可得到其方差为：

$$D = \frac{(A-E)^2}{E}$$

同样根据这样的计算可得到不同情况下的方差，最后计算"星斑"与"菜谱"类的卡方值：

$$\chi^2 = D_1 + D_2 + D_3 + D_4 = \frac{N(AD-BC)^2}{(A+B)(C+D)}$$

通过计算得到的卡方值是用来反映"星斑"与所提供的网页群之间的相关性。卡方值越大，则说明搜索的内容与所提供的网页信息差别越明显，不相关的可能性越大。

总结一下，卡方检验是用于检验实际值与理论值偏差的统计量。一般来说可以先假定两个量相互独立之后对它进行计算，推翻或验证原先的假定量。如果偏差小于阈值，则认定假设真实可信，而当大于阈值的话就认为偏差过大，原先的假设不成立。

12.3.2　MLlib 中基于卡方检验的特征选择示例

MLlib 中卡方检验主要是对已有的向量进行数据归类处理。因此，在数据准备上，按照 MLlib 格式的要求，需要准备 LabeledPoint 格式数据，数据格式如下：

数据位置：//DATA//D12// FeatureSelection.txt

```
0 1:2 2:1 3:0 4:1
1 1:0 2:0 3:1 4:0
0 1:3 2:3 3:2 4:2
1 1:1 2:0 3:4 4:3
1 1:4 2:2 3:3 4:1
```

数据格式的具体意义在前面章节中已经介绍过，具体实现如程序 12-3 所示。

代码位置：//SRC//C12// FeatureSelection.scala

程序 12-3　基于卡方检验的特征选择

```scala
import org.apache.spark.mllib.feature.ChiSqSelector
import org.apache.spark.mllib.linalg.Vectors
import org.apache.spark.mllib.regression.LabeledPoint
import org.apache.spark.mllib.util.MLUtils
import org.apache.spark.{SparkConf, SparkContext}

object FeatureSelection {
  def main(args: Array[String]) {
    val conf = new SparkConf()                          //创建环境变量
    .setMaster("local")                                 //设置本地化处理
    .setAppName("FeatureSelection ")                    //设定名称
    val sc = new SparkContext(conf)                     //创建环境变量实例
    val data = MLUtils.loadLibSVMFile(sc, "c://FeatureSelection.txt")   // 读
取数据文件

    val discretizedData = data.map { lp =>              //创建数据处理空间
      LabeledPoint(lp.label, Vectors.dense(lp.features.toArray.map { x => x /
2 } ) )
    }

    val selector = new ChiSqSelector(2)                 //创建选择2个特性的卡方检验实例
    val transformer = selector.fit(discretizedData)     //创建训练模型
    val filteredData = discretizedData.map { lp =>      //过滤前2个特性
      LabeledPoint(lp.label, transformer.transform(lp.features))
    }

    filteredData.foreach(println)                       //打印结果
  }
}
```

请读者自行打印最终结果。

12.4　小结

本章是 MLlib 算法理论的最后一章，主要介绍了一些文本向量化工具和特征选择工具，

帮助 Mllib 对文本进行处理。

从实际应用情况来看，经过 MLlib 中特征选择的工具和方法已经有不少，但是针对具体实际问题的使用还存在大量的不足和欠缺之处。特征选择工具和方法的使用要与实际应用紧密联系在一起。本章提供的若干工具的实现和算法分析，也是从对具体情况的分析获得的。

TF-IDF 主要是对文本提取和分类，从而计算不同的文章之间的相似度。从微观上来看，词向量和卡方检验特征提取都是信息向量化的一种方式，由此获得单个词的归属和之间的相互比较。

本章介绍了多个工具的使用方法，希望能够帮助读者更好地驾驭 MLlib 这头大象，去解决实际中遇到的大数据处理问题，这也是本书写作的宗旨。接下来的一章是一个案例的整体实战，看看怎么应用前面所学的知识解决实际问题。

第 13 章
◄ MLlib实战演练——鸢尾花分析 ►

本章开始进入激动人心的部分，即 MLlib 的实战。可能有的同学会按捺不住心头的激动，"终于到实战部分了"，是的，终于到了，但如果前面内容掌握得不好，直接就华山论剑，那结局是可想而知的，所以，笔者想问一句：你真的准备好了吗？

本章将会介绍若干个采用 MLlib 去分析处理数据的实例，主要包括：

- 数据预处理和分析
- 数据集的回归分析
- 决策树测试

13.1 建模说明

本章主要研究一个较为基础的、经典的数据挖掘任务，包括数据的预处理、数据的分析性挖掘和多种 MLlib 算法的使用。这里笔者选择了一个经典的数据集，即鸢尾花数据集。

实战中我们将带领读者去研究不同的鸢尾花的生长分布，以及种类的判定方法，其中会使用到回归分析方法以及决策树方法，这些都是现实中常用的数据挖掘方法。在回归分析方法中，我们将比较线性回归和逻辑回归在分析相同数据集上的异同。

13.1.1 数据的描述与分析目标

鸢尾花数据集是由杰出的统计学家 R.A.Fisher 在 20 世纪 30 年代中期创建的，它是公认的、用于数据挖掘的最著名的数据集。

鸢尾花为法国的国花，如图 13-1 所示。Setosa、Versicolour、Virginica 是三种有名的鸢尾花（记住这三种花名），其萼片绚丽多彩，和向上的花瓣不同，它的花萼是下垂的。

图 13-1　鸢尾花

这三种鸢尾花很像，人们试图建立模型，根据萼片和花瓣的四个度量来把鸢尾花分类。鸢尾花数据集给出 150 个鸢尾花的不同特征，主要是以长度进行标注，以及这些花分别属于的种类等共五个变量。萼片和花瓣的长宽为四个定量变量，而种类为分类变量（取三个值 Setosa、Versicolour、Virginica）。这里三种鸢尾花各有 50 个观测值，部分数据如表 13-1 所示。

表 13-1　iris 数据集

Sepal.Length	Sepal.Width	Petal.Length	Petal.Width	Species
5.1	3.5	1.4	0.2	Iris-setosa
4.9	3	1.4	0.2	Iris-setosa
4.7	3.2	1.3	0.2	Iris-setosa
4.6	3.1	1.5	0.2	Iris-setosa
5	3.6	1.4	0.2	Iris-setosa
5.4	3.9	1.7	0.4	Iris-setosa
4.6	3.4	1.4	0.3	Iris-setosa
5	3.4	1.5	0.2	Iris-setosa
…	…			
7	3.2	4.7	1.4	Iris-versicolor
6.4	3.2	4.5	1.5	Iris-versicolor
6.9	3.1	4.9	1.5	Iris-versicolor

（续表）

Sepal.Length	Sepal.Width	Petal.Length	Petal.Width	Species
5.5	2.3	4	1.3	Iris-versicolor
6.5	2.8	4.6	1.5	Iris-versicolor
5.7	2.8	4.5	1.3	Iris-versicolor
6.3	3.3	4.7	1.6	Iris-versicolor
4.9	2.4	3.3	1	Iris-versicolor
…	…			
6.3	3.3	6	2.5	Iris-virginica
5.8	2.7	5.1	1.9	Iris-virginica
7.1	3	5.9	2.1	Iris-virginica
6.3	2.9	5.6	1.8	Iris-virginica
6.5	3	5.8	2.2	Iris-virginica
7.6	3	6.6	2.1	Iris-virginica
4.9	2.5	4.5	1.7	Iris-virginica
7.3	2.9	6.3	1.8	Iris-virginica

数据地址：//DATA//D13//iris.xls。

不同种类的鸢尾花有着不同的特征外貌，相同一类的鸢尾花有不同的特征，而不同类的鸢尾花可能会有着相同的特征，因此研究其分类并对其做出预测以提高采集分类的准确率是很有必要的。

本数据集的分析使用这个经典的鸢尾花数据集，可以较好地反映出分析结果，通过本数据集的使用，还可以让读者学会使用 MLlib 对完整的数据进行分析，即可以通过本实例的使用使读者掌握数据的相关性判断和种类判断的方法。

13.1.2 建模说明

本数据来源于经典的数据挖掘数据研究库，并多次用于国际数据分析大赛，同时也被多本教材选为专用数据案例集。读者可以从多个方向获得本数据，本书数据集收在配书下载包 //DATA//D13 目录下的数据表 iris.xls 中。

数据集中有 4 类观测特征和一个判定归属，一共有 150 条数据。更进一步地说，每条数据的记录是观测一个鸢尾花瓣所具有的不同的特征数，即：

- 萼片长（sepal length）
- 萼片宽（sepal width）
- 花瓣长（petal length）
- 花瓣宽（petal width）
- 种类（species）

通过以上这些特征，可以对一个鸢尾花的最终归属做出判定。由此可见，本案例是一个数据分析和数据挖掘的任务。这是 MLlib 所能处理的诸多问题中的一类问题，图 13-2 呈现了一个数据挖掘算法的流程图。下面我们详细介绍这几个步骤。

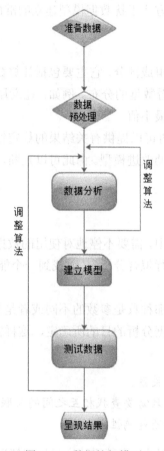

图 13-2　数据挖掘模型

1. 收集

在一个数据挖掘算法中，首先要收集相应的数据。数据可以分散在不同的数据库或者数据源中，包括传统的数据库和实时性较强的调查问卷等方式。例如，在本例中，鸢尾花的数据可能来源于不同的国家，数据在当时是通过派遣相关的人员去实地测量或者通过购买或者赠送的方式获取到了鸢尾花的样本。

2. 对数据进行预处理

这里的预处理指的是对数据进行相应的处理，例如数据重排和数据清洗。

首先对数据的格式进行排列，使之成为能够被机器识别的数据格式，这是一项非常重要的工作，常用的方法如数据的向量矩阵化、数据降维以及特征值的提取等。

其次对数据预处理来说，还需要对数据进行清理。数据清理一般指的是删除错误数据和一些明显偏离正确值范围的数据。有时候还需要预处理数据中的隐含信息、识别数据特性、查验数据源等。

不完整和不正确的数据往往看起来影响较少，但是由于数据在实际分析过程中具有很强的关联性和相关性，它们会以各种方式干扰数据模型建立的准确性和分析结果。

3. 数据分析

数据分析是数据挖掘的一个组成部分，它主要包括计算数据的最小值和最大值，计算整体的平均偏差和标准偏差，以及查看数据的分布。例如，在鸢尾花数据集中，需要对每个特征进行计算从而获得其平均值和最大最小值。

其次，标准偏差和其他分发值可以提供有关结果的稳定性和准确性等有用信息。数据的标准偏差通过添加更多数据可以帮助改进模型。由此可以判断，与标准分发偏差很大的数据可能在采集上受到干扰。

4. 模型的调整

在整个数据挖掘和分析过程中，需要不停地对使用的数据模型进行调整，这里的调整指的是采用不同的算法对数据模型进行拟合分析，从而找到一个能够真正反映数据内在关系的数据分析算法。

这里所说的不同算法也包括那种只是参数的不同或者是某一类下的具体算法的调整。一般而言，对数据算法的选择需要根据分析的目的所确定，这样需要考虑数据的特定目的。例如：

- 任务的目的什么。
- 数据具有什么类型的相互关系。
- 是否需要预测数据，还是只需要查找相互之间的关联。
- 预测的目标是什么？结论还是属性。

以上都是需要考虑的内容。因此，在基于特定目标的情况下，对数据的算法进行调整是一个非常重要的做法。

5. 建立模型，测试数据

模型根据分析数据算法的结果建立相应的分析模型，之后根据模型对部分数据进行测试。

在此过程中，测试数据需要与建立模型的数据分开，即不能使用相同的数据进行测试，否则会产生拟合结果的失真或者过拟合。

对测试结果需要及时准确地进行反馈，当一部分数据分析结果不尽如人意，则需要重新更换测试模型，从而让整个测试获得最佳的测试结果。

6. 呈现结果

数据挖掘的结果最终需要进行展示，而展示的过程尽量要求可视化为主，这点需要借助其他程序进行呈现，这里笔者就不再做过多的阐述。

13.2　数据预处理和分析

对于数据挖掘和数据处理来说，数据预处理是重中之重，可以说数据的好坏决定着数据分析的成败。

在正式对数据进行分类之前，需要对数据进行统计，删除一些具有明显偏离值较大的数据，并对其进行相关系数和距离计算。

首先是数据的准备，在本案例中，采用的是鸢尾花数据集，并对其萼片（sepal）长宽以及花瓣（petal）长宽进行统计分析。由于本数据集三种鸢尾花数据是在同一个数据集中，因此，在计算的时候需要注意，这时也是一个做统计分析对比的机会。

13.2.1　微观分析——均值与方差的对比分析

均值与方差的对比分析需要调用 MLlib 中的 Statistics 方法。Statistics 类是计算数据基本统计量的方法，其方法见表 13-2。

表 13-2　Statistics 统计方法汇总

方法名称	释　义
count	行内数据个数
Max	最大数值单位
Mean	最小数值单位
normL1	欧几里得距离
normL2	曼哈顿距离
numNonzeros	不包含 0 值的个数
variance	标准差

下面首先对鸢尾花数据集中第一个数据萼片长（sepal length）做出分析，这里由于所有的数据都在一个统计表中，可以将其取出做成独立的数据集，这点可以由读者自行完成。

均值与方差分析的代码参见程序 13-1。

代码位置：//SRC//C13// irisMean.scala

程序 13-1　均值与方差分析

```
import org.apache.spark.mllib.linalg.Vectors
import org.apache.spark.mllib.stat.Statistics
import org.apache.spark.{SparkConf, SparkContext}

object irisMean{
  def main(args: Array[String]) {
    val conf = new SparkConf()                    //创建环境变量
    .setMaster("local")                           //设置本地化处理
```

```
        .setAppName("irisMean ")                    //设定名称
        val sc = new SparkContext(conf)             //创建环境变量实例
        val data = sc.textFile("c:// Sepal.Length_setosa.txt")  //创建 RDD 文件路径
        .map(_.toDouble))                           //转成 Double 类型
        .map(line => Vectors.dense(line))           //转成 Vector 格式
        val summary = Statistics.colStats(data)     //计算统计量
        //打印均值
        println("setosa 中 Sepal.Length 的均值为: " + summary.mean)
        //打印方差
        println("setosa 中 Sepal.Length 的方差为: " + summary.variance)
    }
}
```

其中均值反映了一个集合中数值的平均数，可以查看这组数据中数据的集中程度，而方差反映的是一组数据的离散程度。计算后打印结果如下：

```
setosa 中 Sepal.Length 的均值为: [5.006]
setosa 中 Sepal.Length 的方差为: [0.12424897959183673]
```

可以看到，setosa 中 Sepal.Length 的均值近似为 5.0，而方差近似为 0.124。

 读者可以分别测算这 3 种类别中 Sepal.Length 长度，这里不再重复。

下面是对整体数据的一个度量，为了更好地反应偏差程度和均值，我们计算一下所有数据在一起的均值和方差，如程序 13-2 所示。

代码位置：//SRC//C13// irisAll.scala

程序 13-2　所有数据在一起的均值和方差

```
import org.apache.spark.mllib.linalg.Vectors
import org.apache.spark.mllib.stat.Statistics
import org.apache.spark.{SparkConf, SparkContext}

object irisALL{
  def main(args: Array[String]) {
    val conf = new SparkConf()                      //创建环境变量
    .setMaster("local")                             //设置本地化处理
    .setAppName("irisAll ")                         //设定名称
    val sc = new SparkContext(conf)                 //创建环境变量实例
    val data = sc.textFile("c:// Sepal.Length.txt")     //创建 RDD 文件路径
    .map(_.toDouble))                               //转成 Double 类型
      .map(line => Vectors.dense(line))             //转成 Vector 格式
    val summary = Statistics.colStats(data)         //计算统计量
    println("全部 Sepal.Length 的均值为: " + summary.mean)   //打印均值
    println("全部 Sepal.Length 的方差为: " + summary.variance) //打印方差
```

```
    }
  }
```

最终打印结果如下：

全部 Sepal.Length 的均值为：[5.843333333333333]
全部 Sepal.Length 的方差为：[0.6856935123042518]

可以看到，这里也计算出了一个均值和方差，如果读者对此数据分析的结果不敏感的话，可参看表 13-3。

表 13-3　鸢尾花萼片长的均值与方差

种　类	setosa	versicolor	virginica	all
均　值	5	5.936	6.588	5.843
方　差	0.1243	0.2664	0.4043	0.6857

如果想更为直观地表示的话，图 13-3 展示其变动规律和表示。

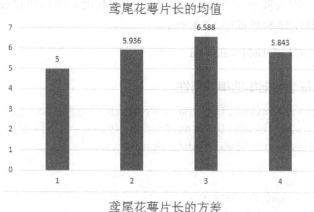

图 13-3　鸢尾花萼片长的均值与方差

从图中的对比可以看到，不同种类的鸢尾花具有不同的均值和方差，一个基本规律就是随着均值的增加，其方差也在有程度地增加。这点符合均值与方差相互关系的基本规律，即测量数据加大误差增加。

而当测试全部的鸢尾花数据集时会发现明显的均值与方差进行偏离，即均值在缩小而偏差在加大，这点明显表示出现数据错误的现象。

 读者可以对其他 3 个特征，即萼片宽、花瓣长、花瓣宽进行分别测算，查看其相关之间规律和趋势，这里不再重复。

13.2.2　宏观分析——不同种类特性的长度计算

13.2.1 小节中对鸢尾花的内部特性进行了分析，根据其均值与方差的背离和拟合程度，分析出不同的鸢尾花的特性在定量分析下有着明显的差异，可以较好地反映出数据的正确与否。

均值与方差分析是在单一数据集的内部进行计算的方法，而对于宏观，即整体的特性的比较却不易获取，因此需要一个标量能够对不同种类的整体特性进行比较。

MLlib 统计方法中有一种专门用于统计宏观量的数据格式，即整体向量距离的计算方法，分别为曼哈顿距离和欧几里得距离。这两个量用来计算向量的整体程度。

数据的准备方面，因为要求计算不同数据集之间的长度，所以可以使用每个数据集的单独特性进行计算。具体实现参见程序 13-3 所示。

代码位置：//SRC//C13// irisNorm.scala

程序 13-3　计算每个数据集的单独特性

```scala
import org.apache.spark.mllib.linalg.Vectors
import org.apache.spark.mllib.stat.Statistics
import org.apache.spark.{SparkConf, SparkContext}

object irisNorm{
  def main(args: Array[String]) {
    val conf = new SparkConf()                                    //创建环境变量
    .setMaster("local")                                          //设置本地化处理
    .setAppName("irisNorm")                                      //设定名称
    val sc = new SparkContext(conf)                              //创建环境变量实例
    val data = sc.textFile("c:// Sepal.Length_setosa.txt")      //创建 RDD 文件路径

    .map(_.toDouble))                                            //转成 Double 类型
    .map(line => Vectors.dense(line))                           //转成 Vector 格式

    val summary = Statistics.colStats(data)    //计算统计量
    println("setosa 中 Sepal 的曼哈顿距离的值为：" + summary.normL1)    //计算曼哈顿
距离
    println("setosa 中 Sepal 的欧几里得距离的值为：" + summary.normL2)    //计算欧几里
得距离
  }
}
```

程序中分别计算了曼哈顿距离和欧几里得距离，显示结果如下：

setosa 中 Sepal 的曼哈顿距离的值为：[250.29999999999998]
setosa 中 Sepal 的欧几里得距离的值为：[35.48365821050586]

同样可以得到其他三种类型的特性的距离，参见表 13-4。

表 13-4　Sepal.Length 的距离计算

	setosa	versicolor	virginica
曼哈顿距离	250.3	291.1	329.4
欧几里得距离	35.5	41.7	46.8

图 13-4 反映了 Sepal.Length 距离计算的内容。

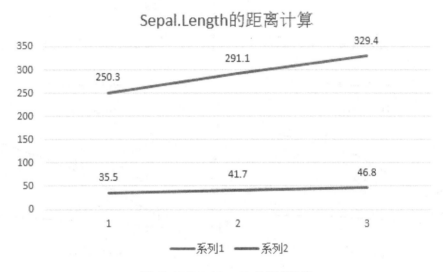

图 13-4　Sepal.Length 的距离计算

从图中可以明显地看到，随着样本的改变，长度趋势在不断地增加，这也符合三类鸢尾花的生长特性。

表 13-5、表 13-6、表 13-7 展示了不同特性的距离计算。

表 13-5　Sepal.Width 的距离计算

	setosa	versicolor	virginica
曼哈顿距离	170.9	138.5	148.7
欧几里得距离	24.3	19.7	21.2

表 13-6　Petal.Length 的距离计算

	setosa	versicolor	virginica
曼哈顿距离	73.2	213	277.6
欧几里得距离	10.4	30.3	39.4

表 13-7 Petal.Width 的距离计算

	setosa	versicolor	virginica
曼哈顿距离	12.2	66.3	101.3
欧几里得距离	1.88	9.48	14.45

如果将其改为图形的形式显示，如图 13-5 所示。

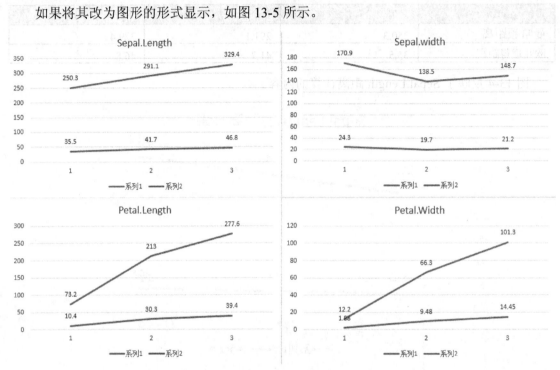

图 13-5 距离对比图

从图中可以清晰地看到各个不同的特性距离的反应，对此而言距离趋势不同从而不同的特性距离侧重点也是不尽相同，这点在决策树创建时需要认真对待。

13.2.3 去除重复项——相关系数的确定

在对一些数据问题的分析中，其数据的产生是带有一定的相关性，例如某个地区供水量和用水量呈现出一个拟合度较好的线性关系（损耗忽略不计）。对它进行分析的时候，往往只需要分析一个变量即可。

本数据集也是如此，数据集中的萼片长、萼片宽、花瓣长、花瓣宽这些数据项在分析中是否有重复性需要去除，可以通过计算这些数据项相互之间的相关系数做出分析。如果相关系数超过阈值，则可以认定这些数据项具有一定的相关性，从而可以在数据分析中作为额外项去除。

相关系数的比较可由图 13-6 进行表示。

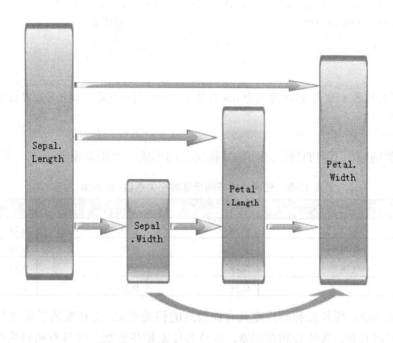

图 13-6　数据特性之间两两相关性测试

如图 13-6 所示，不同的特性之间需要计算其相关系数，从而可以得到不同的数据集之间的比较程度。相关系数计算如程序 13-4 所示。

代码位置：//SRC//C13// irisCorrect.scala

程序 13-4　计算相关系数

```scala
import org.apache.spark.mllib.linalg.Vectors
import org.apache.spark.mllib.stat.Statistics
import org.apache.spark.{SparkConf, SparkContext}

object irisCorrect {
  def main(args: Array[String]) {
    val conf = new SparkConf()                      //创建环境变量
    .setMaster("local")                             //设置本地化处理
    .setAppName("irisCorrect ")                     //设定名称
    val sc = new SparkContext(conf)                 //创建环境变量实例
    val dataX = sc.textFile("c://x.txt")            //读取数据
    .flatMap(_.split(' '))                          //进行分割
    .map(_.toDouble))                               //转化为 Double 类型
    val dataY = sc.textFile("c://y.txt")            //读取数据
    .flatMap(_.split(' '))                          //进行分割
    .map(_.toDouble))                               //转化为 Double 类型
    //计算不同数据之间的相关系数
```

```
    val correlation: Double = Statistics.corr(dataX, dataY)
    println(correlation)                              //打印结果
  }
}
```

这里的数据 x.txt 与 y.txt 分别为 iris 数据集中每一列的数据。读者可以自行提取验证不同数据。

这样同种类别植物不同的特性之间的数据集之间形成一个相关系数矩阵，参见表 13-8。

表 13-8　相同类别不同特征的相关系数- setosa

	Sepal.Length	Sepal.Width	Petal.Length	Petal.Width
Sepal.Length	1	0.74	0.26	0.28
Sepal.Width	0.74	1	0.18	0.28
Petal.Length	0.26	0.18	1	0.31
Petal.Width	0.28	0.28	0.28	1

从表中可以看到，萼片长和萼片宽具有比较高的相关系数，而花瓣的长宽具有明显的不相关性。特别地可以看到，萼片长和花瓣宽，以及萼片宽和花瓣宽之间具有相同的相关系数，在对此特征进行分析的时候，可以按需要进行处理。本次分析中为了尊重数据的完整性，对其不做处理。

特征分析不是本案例分析的重点，在此不做过多的计算分析。我们鼓励读者采用这样的分析模式对所有的种类数据进行一次分析处理，从而获得更多的相关性数据。

除了上文中对相同类别植物的不同特性进行相关性分析，还可以对不同类别植物的相同特性进行分析，例如分析 setosa 和 versicolor 对应特性的相关性，这也不失为一种科学的研究方向，如程序 13-5 所示。

代码位置：//SRC//C13// irisCorrect2.scala

程序 13-5　对不同类别植物的相同特性进行分析

```
import org.apache.spark.mllib.linalg.Vectors
import org.apache.spark.mllib.stat.Statistics
import org.apache.spark.{SparkConf, SparkContext}

object irisCorrect2 {
  def main(args: Array[String]) {
    val conf = new SparkConf()                    //创建环境变量
    .setMaster("local")                          //设置本地化处理
    .setAppName("irisCorrect2")                  //设定名称
    val sc = new SparkContext(conf)              //创建环境变量实例
```

```scala
    val dataX = sc.textFile("c://x.txt")              //读取数据
    .flatMap(_.split(' ')                             //进行分割
    .map(_.toDouble))                                 //转化为 Double 类型
    val dataY = sc.textFile("c://y.txt")              //读取数据
    .flatMap(_.split(' ')                             //进行分割
    .map(_.toDouble))                                 //转化为 Double 类型
    //计算不同数据之间的相关系数
    val correlation: Double = Statistics.corr(dataX, dataY)
    //打印相关系数
    println("setosa 和 versicolor 中 Sepal.Length 的相关系数为: " + correlation)
  }
}
```

打印结果如下:

setosa 和 versicolor 中 Sepal.Length 的相关系数为: -0.08084972701755869

可以看到，不同种类的同种特性之间，只有很低的相关性（小于 0.1），因此可以认定不同种类的同种特性不具有相关性。

同样，可以将其他不同种类的相同特性之间数据做一个相关系数表，可以更清楚地查看到这些相同特性之间相关系数的关系。

笔者在进行相关系数计算的时候，Statistics.corr 方法是默认的计算相关系数的方法。这里需要特别注意的是，在计算相关系数时，采用的是皮尔逊相关系数计算法，除此之外，还有一种相关系数的计算方法，即斯皮尔曼相关系数计算方法。

采用斯皮尔曼相关系数计算法的相关系数计算程序如程序 13-6 所示。

代码位置: //SRC//C13// irisCorrect3.scala

程序 13-6　采用斯皮尔曼相关系数计算法

```scala
import org.apache.spark.mllib.linalg.Vectors
import org.apache.spark.mllib.stat.Statistics
import org.apache.spark.{SparkConf, SparkContext}

object irisCorrect {
  def main(args: Array[String]) {
    val conf = new SparkConf()                        //创建环境变量
    .setMaster("local")                               //设置本地化处理
    .setAppName("irisCorrect3 ")                      //设定名称
    val sc = new SparkContext(conf)                   //创建环境变量实例
    val dataX = sc.textFile("c://x.txt")              //读取数据
    .flatMap(_.split(' ')                             //进行分割
    .map(_.toDouble))                                 //转化为 Double 类型
    val dataY = sc.textFile("c://y.txt")              //读取数据
    .flatMap(_.split(' ')                             //进行分割
    .map(_.toDouble))                                 //转化为 Double 类型
```

```
    //计算不同数据之间的相关系数
    val correlation: Double = Statistics.corr(dataX, dataY)
    //打印相关系数
    println("setosa 和 versicolor 中 Sepal.Length 的相关系数为：" + correlation)
  }
}
```

打印结果如下：

setosa 和 versicolor 中 Sepal.Length 的相关系数为：-0.10163684956357018

由此可见，采用不同的相关系数计算相同的数据，其计算结果也是不同的。

 这里需要注意的是，对于同样的数据分析，可以采用任意的计算公式，但是对于同种分析测试，在选定计算公式后则需要保证公式使用的一致性。

以上方法是对数据集进行统计分析的常用方法，通过对数据集进行相关分析，可以很好地掌握数据的分布规律和趋势。掌握这些方法可以为下一步尝试不同的数据分析算法打下基础。

13.3 长与宽之间的关系——数据集的回归分析

在上一节中，对数据进行了基本统计量方面的分析，分别从微观角度对数据集内部进行分析计算，在宏观方面对不同的数据集进行分析，并且通过相关系数方法对可能含有重复的项目进行分析。

本节开始，将对数据集进行进一步的分析，即综合运用回归方法对数据进行统计分析。此项分析可以对数据集的拟合程度和趋势做出相关研究。

13.3.1 使用线性回归分析长与宽之间的关系

前面已经介绍，线性回归作为一种统计分析方法，是回归分析的一个重要分支，它根据不同数值，来确定两种或两种以上变量间相互依赖的定量关系，线性回归运用十分广泛。

上一节已经分析，萼片长和萼片宽呈现一定的相关性，因此可以说，随着叶片宽度的增加，长度也呈现出一定的变化。在本节的案例分析中，我们将要分析每种萼片长和萼片宽之间的关系。

对于两个或多个变量之间相互依赖关系的变化，回归分析是一种最好的解决方法，本节案例将首先使用线性回归对其进行模型的创建，之后再对数据进行验证。

首先是数据的准备工作，MLlib 中需要对数据进行规范化处理，此处涉及简单的字符串处理，完成之后的效果如图 13-7 所示。

数据位置：//DATA//D13// spral.txt

```
5.1        3.5
4.9        3
4.7        3.2
4.6        3.1
5          3.6
5.4        3.9
4.6        3.4
5          3.4
4.4        2.9
4.9        3.1
5.4        3.7
4.8        3.4
4.8        3
4.3        3
5.8        4
5.7        4.4
5.4        3.9
5.1        3.5
5.7        3.8
5.1        3.8
5.4        3.4
```

图 13-7　处理好的数据

图 13-7 中，第一列是 Sepal.Length，即萼片长，Sepal.Width 是萼片宽，中间通过空格键进行分割。

程序 13-7 演示了使用线性回归分析萼片长和宽之间关系。

代码位置：//SRC//C13// irisLinearRegression.scala

程序 13-7　使用线性回归分析萼片长和宽

```scala
import org.apache.spark.mllib.linalg.Vectors
import org.apache.spark.mllib.regression.{LabeledPoint,
LinearRegressionWithSGD}
import org.apache.spark.{SparkConf, SparkContext}


object irisLinearRegression {
    val conf = new SparkConf()                          //创建环境变量
    .setMaster("local")                                 //设置本地化处理
    .setAppName("irisLinearRegression ")                //设定名称
    val sc = new SparkContext(conf)                     //创建环境变量实例
    val data = sc.textFile("c:/spral.txt")              //读取数据
    val parsedData = data.map { line =>                 //处理数据
        val parts = line.split('')                      //按空格分割
        //固定格式
        LabeledPoint(parts(0).toDouble, Vectors.dense(parts(1).toDouble))
```

```
    }.cache()                                    //加载数据
    val model = LinearRegressionWithSGD.train(parsedData, 10,0.1)//创建模型
    //打印回归公式
    println("回归公式为: y = " + model.weights + " * x + " + model.intercept)
  }
}
```

最终打印结果如下：

回归公式为: y = [1.4554575340910307] * x + 0.0

可以看到，最终结果打印了一个系数约为 1.45 的回归方程。如果需要对此回归方程进行
验证，那么最简单的一个办法就是返回计算相关的变量，判断其拟合程度。这里可以使用 MLlib
自带的均方误差（MSE）判断方法对其进行判断，程序如 13-8 所示。

代码位置：//SRC//C13// irisLinearRegression2.scala

程序 13-8　使用 MLlib 自带的均方误差

```
import org.apache.spark.mllib.linalg.Vectors
import org.apache.spark.mllib.regression.{LabeledPoint,
LinearRegressionWithSGD}
import org.apache.spark.{SparkConf, SparkContext}


object irisLinearRegression2 {
    val conf = new SparkConf()                       //创建环境变量
    .setMaster("local")                              //设置本地化处理
    .setAppName("irisLinearRegression2")             //设定名称
    val sc = new SparkContext(conf)                  //创建环境变量实例
    val data = sc.textFile("c:/spral.txt")           //读取数据
    val parsedData = data.map { line =>              //处理数据
      val parts = line.split('')                     //按空格分割
      //固定格式
      LabeledPoint(parts(0).toDouble, Vectors.dense(parts(1).toDouble))
    }.cache()                                        //加载数据
    //创建模型
    val model = LinearRegressionWithSGD.train(parsedData, 10,0.1)
    //创建均方误差训练数据
    val valuesAndPreds = parsedData.map { point => {
      val prediction = model.predict(point.features)//创建数据
      (point.label, prediction)                      //创建预测数据
    }
    //计算均方误差
    val MSE = valuesAndPreds.map{ case(v, p) => math.pow((v - p), 2)}.mean()
    println("均方误差结果为:" + MSE)                  //打印结果
  }
```

```
}
```

最终打印结果为：

均方误差结果为：0.13801196630675716

可以看到，最终的 MSE 的值约为 0.138，较好地反映了线性回归的拟合程度。

 提示　这里我们只选择了一个种类的一个相近特性进行比较，有兴趣的读者可以自由选择配对，对不同的种类特征建立回归方程，也许可以发现一些未知的规律呢！

13.3.2　使用逻辑回归分析长与宽之间的关系

在上一小节中，我们使用了线性回归对数据进行回归分析，计算了其均方误差，最后得出均方误差为 0.138 左右的数值。

0.138 对于回归分析来说，精确度仍旧有些欠缺。究其原因，是因为本案例中，萼片长和萼片宽不存在绝对的线性比较关系，因此在对其进行回归分析的时候，可以选择另外一种回归分析方法，即逻辑回归。我们来看程序 13-9。

代码位置：//SRC//C13// irisLogicRegression.scala

程序 13-9　逻辑回归

```scala
import org.apache.spark.mllib.linalg.Vectors
import org.apache.spark.mllib.regression.{LabeledPoint,
LinearRegressionWithSGD}
import org.apache.spark.{SparkConf, SparkContext}


object irisLogicRegression{
    val conf = new SparkConf()                          //创建环境变量
    .setMaster("local")                                 //设置本地化处理
    .setAppName("irisLogicRegression ")                 //设定名称
    val sc = new SparkContext(conf)                     //创建环境变量实例
    val data = sc.textFile("c:/spral.txt")              //读取数据
    val parsedData = data.map { line =>                 //处理数据
        val parts = line.split('')                      //按空格分割
        //固定格式
        LabeledPoint(parts(0).toDouble, Vectors.dense(parts(1).toDouble)
    }.cache()                                           //加载数据
    val model = irisLogicRegression.train(parsedData, 20)   //创建模型
    //创建均方误差训练数据
    val valuesAndPreds = parsedData.map { point => {
    val prediction = model.predict(point.features)      //创建数据
        (point.label, prediction)                       //创建预测数据
    }
```

```
    //计算均方误差
    val MSE = valuesAndPreds.map{ case(v, p) => math.pow((v - p), 2)}.mean()
    println("均方误差结果为:" + MSE)             //打印结果
  }
}
```

最终打印结果为：

```
回归公式为: y = [1.5157914622071581] * x + 0.0
均方误差结果为:0.27792341063497106
```

 提 示　逻辑回归不是回归算法！

可以看到，使用逻辑回归一样能够获得回归公式和均方误差。使用逻辑回归后，均方误差有所升高。究其原因可能是在本案例分析中，回归主要是一元为主，而逻辑回归更胜于使用在多元线性回归的分析中。因此可能造成使用逻辑回归后均方差升高。

回归分析方法被广泛地用于解释特性之间的相互依赖关系。把两个或两个以上定距或定比例的数量关系用函数形式表示出来，就是回归分析要解决的问题。回归分析是一种非常有用且灵活的分析方法，

经过回归分析，可以清楚地看到，不同特性之间有着一定的相互依赖性，这可能与植物的特性有关，毕竟同样的植物其生长规律具有一致性，感兴趣的读者可以自由地进行分析。

13.4　使用分类和聚类对鸢尾花数据集进行处理

对数据进行回归分析后，相信读者对鸢尾花数据的基本相关性已经有了比较充分的了解。本节我们将对其特性进行分类和聚类的处理。

分类和聚类是数据挖掘中常用的处理方法，它根据不同数据距离的大小从而决定出所属的类别。本节案例分析中将分别使用聚类和分类对其进行处理，从而获得分析能力。

至于聚类和分类的区别，请读者回过头来复习一下分类与聚类章节的相关内容。

13.4.1　使用聚类分析对数据集进行聚类处理

聚类分析是无监督学习的一种，它通过机器处理，自行研究算法去发现数据集的潜在关系，并将关系最相近的部分结合在一起，从而实现对数据的聚类处理。聚类分析的最大特点就是没有必然性，可能每次聚类处理的结果都不尽相同。

对鸢尾花进行数据聚类分析，首先是对数据集的准备，在这里可以直接使用鸢尾花数据集中的数据特征部分进行分析。本次聚类分析采用的数据集如图 13-8 所示。

数据位置：//DATA//D13// all.txt

```
5.1      3.5      1.4      0.2
4.9      3        1.4      0.2
4.7      3.2      1.3      0.2
4.6      3.1      1.5      0.2
5        3.6      1.4      0.2
5.4      3.9      1.7      0.4
4.6      3.4      1.4      0.3
5        3.4      1.5      0.2
4.4      2.9      1.4      0.2
4.9      3.1      1.5      0.1
5.4      3.7      1.5      0.2
4.8      3.4      1.6      0.2
4.8      3        1.4      0.1
4.3      3        1.1      0.1
```

图 13-8　鸢尾花数据集

图 13-8 是鸢尾花数据集中的 4 个特征参数，参数值之间通过空格进行分割。下面首先使用 Kmeans 算法对其进行聚类分析，如程序 13-10 所示。

代码位置：//SRC//C13// irisKmeans.scala

程序 13-10　使用 Kmeans 算法进行聚类分析

```scala
import org.apache.spark.mllib.clustering.KMeans
import org.apache.spark.mllib.linalg.Vectors
import org.apache.spark.{SparkConf, SparkContext}

object irisKmeans{
  def main(args: Array[String]) {

    val conf = new SparkConf()                      //创建环境变量
    .setMaster("local")                             //设置本地化处理
    .setAppName("irisKmeans ")                      //设定名称
    val sc = new SparkContext(conf)                 //创建环境变量实例
    val data = MLUtils.loadLibSVMFile(sc, "c://all.txt")//输入数据集
    val parsedData = data.map(s => Vectors.dense(s.split(' ').map(_.toDouble)))
.cache()                                            //数据处理

    val numClusters = 3                             //最大分类数
    val numIterations = 20                          //迭代次数
    //训练模型
    val model = KMeans.train(parsedData, numClusters, numIterations)
    model.clusterCenters.foreach(println)           //打印中心点坐标

  }
}
```

通过设定分类数据，MLlib 自动对数据集进行分类，最终打印结果如下：

```
[6.853846153846153,3.0769230769230766,5.715384615384615,2.053846153846153]
[5.005999999999999,3.4180000000000006,1.4640000000000002,0.2439999999999999
]

[5.88360655737705,2.7409836065573776,4.388524590163936,1.4344262295081969]
```

可以看到，最终打印了 3 个数据组，每个数据组中有 4 个数据，可以组成一个数据中心，通过距离和数量的设置，即可形成一个数据分类结果。

除了 Kmeans 分类外，还可以使用高斯聚类器对数据进行聚类，聚类程序如程序 13-11 所示。

代码位置：//SRC//C13// irisGMG.scala

程序 13-11 使用高斯聚类器对数据进行聚类

```scala
import org.apache.spark.mllib.clustering.GaussianMixture
import org.apache.spark.mllib.linalg.Vectors
import org.apache.spark.{SparkConf, SparkContext}

object irisGMG {
  def main(args: Array[String]) {

    val conf = new SparkConf()                    //创建环境变量
    .setMaster("local")                           //设置本地化处理
    .setAppName("irisGMG")                        //设定名称
    val sc = new SparkContext(conf)               //创建环境变量实例
    val data = sc.textFile("c://all.txt")         //输入数据
    //转化数据格式
    val parsedData = data.map(s => Vectors.dense(s.trim.split(' ')
    .map(_.toDouble))).cache()
    val model = new GaussianMixture().setK(2).run(parsedData)  //训练模型

    for (i <- 0 until model.k) {
      //逐个打印单个模型
      println("weight=%f\nmu=%s\nsigma=\n%s\n" format
        (model.weights(i), model.gaussians(i).mu, model.gaussians(i).sigma))
                                                  //打印结果
    }
  }
}
```

最终结果如下：

```
weight=0.333262
mu=[5.006109231119775,3.4182380893185242,1.4640402708648084,0.2439898775213
```

```
559]

  weight=0.460885
  mu=[6.415868613577582,2.9241723085059474,5.1963201129873084,1.8341193172148
569]

  weight=0.205853
  mu=[5.916890962495157,2.754994277200094,4.254744161814036,1.321506388949968
7]
```

从中可以看到，高斯分类器一样将数据集分成了 3 个部分，同时还打印出每个分类后的数据集所占得百分比。如第一个集所占的比重为 33%，第二个为 46%，第三个为 21%。当然这与实际情况有所区别，但是这是机器根据特性聚类的结果。

 多试试看，说不定你就有什么惊人的新发现!

13.4.2　使用分类分析对数据集进行分类处理

聚类回归有助于发现新的未经证实和发现的东西，而对于已经有所归类的数据集，其处理可能不会按固定的模式去做。因此对其进行分析就需要使用另外一种数据的分类方法，即数据的分类。

首先是数据的准备，对于图 13-8 中的数据，需要在前面加上分类的标号即可，如图 13-9 所示。

数据位置: //DATA//D13// irisBayes.txt

```
1,5.1   3.5    1.4    0.2
1,4.9   3      1.4    0.2
1,4.7   3.2    1.3    0.2
1,4.6   3.1    1.5    0.2
1,5     3.6    1.4    0.2
1,5.4   3.9    1.7    0.4
1,4.6   3.4    1.4    0.3
1,5     3.4    1.5    0.2
1,4.4   2.9    1.4    0.2
```

图 13-9　带标号的数据集

对于分类器的使用，在前面章节中已经简单介绍过，这里分类器主要选择贝叶斯分类器，实现代码如程序 13-12 所示。

代码位置: //SRC//C13// irisBayes.scala

程序 13-12　贝叶斯

```
import org.apache.spark.mllib.util.MLUtils
import org.apache.spark.{SparkContext, SparkConf}
import org.apache.spark.mllib.classification.{NaiveBayes, NaiveBayesModel}
import org.apache.spark.mllib.linalg.Vectors
```

```
import org.apache.spark.mllib.regression.LabeledPoint

object irisBayes {
  def main(args: Array[String]) {

    val conf = new SparkConf()                    //创建环境变量
    .setMaster("local")                           //设置本地化处理
    .setAppName("irisBayes")                      //设定名称
    val sc = new SparkContext(conf)               //创建环境变量实例
    val data = MLUtils.loadLabeledPoints(sc,"c://irisBayes.txt")  //读取数据集
    val model = NaiveBayes.train(data, 1.0)       //训练贝叶斯模型
    val test = Vectors.dense(7.3,2.9,6.3,1.8)     //创建待测定数据
    val result = model.predict("测试数据归属在类别:" + test)   //打印结果
  }
}
```

最终打印结果如下：

测试数据归属在类别：3

在程序 13-12 中，使用贝叶斯分类器创建了一个对数据进行分类的鸢尾花数据分类器，并根据这个分类器对既有的数据进行测试。可以看到，测试结果是符合真实分类结果的。

 除了贝叶斯分类器，还有一种分类器叫做支持向量机（SVM）。读者还可以自己尝试创建一个新的分类器。

13.5 最终的判定——决策树测试

在前面的章节中，笔者对鸢尾花数据进行了相关分析，分析了特性之间是否存在线性关系，并且使用了聚类和分类对数据进行了处理。

根据这些数据的分析情况即可进行下一步的分析，即采用决策树对更多的数据进行判断。通过训练决策树，使计算机在非人工干预的情况下对数据进行分类，并且可以直接打印出分类结果。

13.5.1 决定数据集的归类——决策树

决策树是一种常用的数据挖掘方法，它用来研究特征数据的"信息熵"的大小，从而确定在数据决策过程中哪些数据起决定作用。

首先是对数据进行处理，决策树的数据处理需要标注数据的类别，因此数据处理结果如图 13-10 所示。

数据位置：//DATA//D13// irisDTree.txt

```
1 1:4.7 2:3.2 3:1.3 4:0.2
1 1:4.6 2:3.1 3:1.5 4:0.2
1 1:5.1 2:3.7 3:1.5 4:0.4
2 1:7 2:3.2 3:4.7 4:1.4
2 1:6.4 2:3.2 3:4.5 4:1.5
2 1:6.9 2:3.1 3:4.9 4:1.5
2 1:5.5 2:2.3 3:4 4:1.3
2 1:6.5 2:2.8 3:4.6 4:1.5
```

图 13-10　决策树数据准备

上面数据中，逗号前的数字是数据所属的类别。冒号前的数字指的是第几个特征数据，冒号后的数字是特征数值。

鸢尾花数据的决策树算法如程序 13-13 所示。

代码位置：//SRC//C13// irisDecisionTree.scala

程序 13-13　决策树算法

```scala
import org.apache.spark.mllib.linalg.Vectors
import org.apache.spark.{SparkContext, SparkConf}
import org.apache.spark.mllib.tree.DecisionTree
import org.apache.spark.mllib.util.MLUtils

object irisDecisionTree {
  def main(args: Array[String]) {
   val conf = new SparkConf()                        //创建环境变量
   .setMaster("local")                               //设置本地化处理
   .setAppName("irisDecisionTree ")                  //设定名称
   val sc = new SparkContext(conf)                   //创建环境变量实例

   val data = MLUtils.loadLibSVMFile(sc, "c://irisDTree.txt")//输入数据集
   val numClasses = 3 //设定分类数量
   val categoricalFeaturesInfo = Map[Int, Int]()//设定输入格式
   val impurity = "entropy"//设定信息增益计算方式
   val maxDepth = 5//设定树高度
   val maxBins = 3//设定分裂数据集
   val model = DecisionTree.trainClassifier(data, numClasses,
categoricalFeaturesInfo,
     impurity, maxDepth, maxBins)//建立模型
   val test = Vectors.dense(Array(7.2,3.6,6.1,2.5))
   println(model.predict("预测结果是:" + test))
  }
}
```

最终打印结果为：

189

```
预测结果是:2.0
```

从中可以看到，决策树可以对输入的数据进行判定，并且打印其所属的归类，这点相比较其他方法来说是一个重大进步。它使得决策程序在完全没有人工干扰的情况下自主地对数据进行分类，这点极大地方便了大数据的决策与分类的自动化处理。

13.5.2 决定数据集归类的分布式方法——随机雨林

随机雨林的原理在前面章节中已经有介绍，这里就不做过多的阐述。

当数据量较大的时候，随机雨林是一个能够充分利用分布式集群的决策树算法。随机雨林进行归类的代码实现如程序 13-14 所示。

代码位置：//SRC//C13// irisRFDTree.scala

程序 13-14   随机雨林进行归类

```scala
import org.apache.spark.{SparkConf, SparkContext}
import org.apache.spark.mllib.tree.RandomForest
import org.apache.spark.mllib.util.MLUtils

object irisRFDTree {
  def main(args: Array[String]) {
    val conf = new SparkConf()                      //创建环境变量
    .setMaster("local")                             //设置本地化处理
    .setAppName("irisRFDTree")              //设定名称
    val sc = new SparkContext(conf)                 //创建环境变量实例
    val data = MLUtils.loadLibSVMFile(sc, "c://a.txt")   //输入数据集

    val numClasses = 3                                  //设定分类的数量
    val categoricalFeaturesInfo = Map[Int, Int]()            //设置输入数据格式
    val numTrees = 3                         //设置随机雨林中决策树的数目
    val featureSubsetStrategy = "auto"          //设置属性在节点计算数
    val impurity = "entropy"                 //设定信息增益计算方式
    val maxDepth = 5                       //设定树高度
    val maxBins = 3                          //设定分裂数据集

    //建立模型
    val model = RandomForest.trainClassifier(data, numClasses, categoricalFeaturesInfo,
      numTrees, featureSubsetStrategy, impurity, maxDepth, maxBins)
    model.trees.foreach(println)         //打印每棵树的相关信息
  }
}
```

打印结果请读者自行完成。

13.6 小结

作为全书的收尾，本章也是最为重要的一章。可以说，学习 MLlib 的目的就是为了能够使用其中的工具和算法对大数据进行分析处理。

本章通过分析鸢尾花数据集，系统地学习了如何对数据进行挖掘、如何分析数据集包含的内容，然后依次从宏观和微观方面对数据进行分析，并且使用多种回归算法分析了数据之间的依赖程度，根据依赖程度的大小，可以对重复的数据项进行去除从而减少待分析数据。

对数据集的归类可以使用聚类和分类算法进行处理，其区别在于数据是否有既定的归属。有既定归属和分类的条件下，使用分类算法是较好的一个选择，而聚类更容易发现目前为止的数据分类集，这对于探索性科学研究有极大的帮助。

鸢尾花数据集分析案例是分析数据挖掘的经典例子，在实际的工作中，读者可能会遇到更多要求数据挖掘和分析的案例，综合运用多种手段去发现数据所蕴含的价值，去发现金山中蕴含的宝藏，这也是我们数据挖掘工笔者研究的目的。相信通过本书的学习能够为读者带来一个新的数据分析和挖掘方面的启示。